北方农牧交错带
草牧业生产集成技术模式

农业农村部畜牧兽医局
　　　　　　　　　　　　　编
全 国 畜 牧 总 站

U0332703

中国农业出版社
农村读物出版社
北 京

草牧业是现代畜牧业的重要组成部分。2015 年，中央 1 号文件明确提出加快发展草牧业，农业部在全国 12 个省份安排 37 个县开展了草牧业试验试点。2016 年，农业部印发了《全国草食畜牧业发展规划（2016—2020 年）》，推进草食畜牧业发展。2017 年，农业部印发《关于北方农牧交错带农业结构调整的指导意见》，提出了减粮增饲，做大草产业，增牛稳羊，做强草食畜牧业的要求。2020 年，国务院印发《关于促进畜牧业高质量发展的意见》，明确提出健全饲草料供应体系，增加紧缺优质饲草自给率。

"十四五"及今后一个时期，我国草牧业将处于重要战略机遇期。北方农牧交错带是我国西北部草原牧区和东南部农区相连接的过渡地带，涉及内蒙古、陕西、辽宁、山西、甘肃、宁夏、河北、黑龙江、吉林 9 个省（自治区），资源禀赋较好，饲草资源丰富，是我国草牧业发展的传统优势产区，涌现出了一批产业发展典型模式。近期，农业农村部先后印发了《推进肉牛肉羊生产发展五年行动方案》和《"十四五"全国饲草产业发展规划》，明确了"十四五"期间发展牛羊产业、饲草产业的目标任务，大力推进草牧业发展。

当前我国城乡居民草食畜产品消费处在较低水平，未来对牛羊肉和奶等草食牲畜产品需求趋势强劲。为加快推动北方农牧交错带草牧业发展，提升产业发展科技水平，全国畜牧总站组织中国农业大学、中国农业科学院等科研院校以及各省技术推广部门的专家团队，总结提炼了 30 项适合北方农牧交错带的草牧业技术，汇编形成了《北方农牧交错带草牧业生产集成技术模式》。

本书集成了近五年来我国北方农牧交错带主要应用的草牧业生产技术或具有较大应用潜力的最新研发技术,依据生产特点与利用方式,将各单项技术分列在集约化商品草生产、盐碱地旱地饲草生产、草田轮作/复种/混播、种养结合草畜一体化、放牧利用与天然草地干草生产等五大模式。每个单项技术按适用范围、技术流程、技术内容、操作要点、效益分析、应用案例等内容进行总结,目的是为我国北方农牧交错带发展草牧业提供可推广、可复制、可借鉴的成熟技术模式,方便各级草牧业生产经营主体和农牧民结合自身实际情况参考使用。

本书在编写过程中得到了行业专家同仁的大力帮助,在此表示由衷的感谢。书中不足之处敬请广大读者批评指正。

目录

CONTENTS

前言

第一章 集约化商品草生产技术模式 ……………………………… 1

第一节 科尔沁沙地苜蓿生产技术 ……………………………… 1

第二节 通辽市浅埋滴灌青贮玉米生产技术 ……………………………… 11

第三节 宁夏灌区地下滴灌苜蓿生产技术 ……………………………… 19

第四节 河套灌区青贮玉米生产技术 ……………………………… 27

第五节 科尔沁沙地饲用燕麦生产技术 ……………………………… 35

第六节 内蒙古高原饲用燕麦生产技术 ……………………………… 41

第七节 祁连山区雨养饲草燕麦栽培技术 ……………………………… 48

第八节 多花黑麦草生产技术 ……………………………… 56

第九节 黑龙江西部紫花苜蓿高效生产技术模式 ……………………………… 64

第十节 东北寒区一年两季饲草生产技术模式 ……………………………… 72

第二章 盐碱地旱地饲草生产技术模式 ……………………………… 79

第一节 松嫩盐碱化草原混播生态修复技术 ……………………………… 79

第二节 黑龙江苏打盐碱地羊草生产技术 ……………………………… 89

第三节 松嫩平原苏打盐碱地种草改良关键技术 ……………………………… 97

第四节 苜蓿设施育苗与盐碱地移栽技术 ……………………………… 106

第五节 黄土高原旱作苜蓿栽培技术 ……………………………… 113

第六节 坝上高原饲用谷子生产技术 ……………………………… 120

第七节 雨养旱作条件下饲草高粱生产技术 ……………………………… 127

1

第三章 草田轮作/复种/混播模式 ································· 134

第一节 河套地区葵前麦后饲用燕麦填闲种植技术 ··············· 134

第二节 科尔沁沙地冬黑麦-青贮玉米/青贮高粱复种轮作模式 ········ 142

第三节 黑龙江青贮玉米与秣食豆混播生产技术模式 ··············· 152

第四章 种养结合草畜一体化模式 ································· 160

第一节 科尔沁沙地典型种草养肉牛技术模式 ··················· 160

第二节 科尔沁地区肉羊养殖技术 ··························· 169

第三节 山西怀仁肉羊种养结合草畜一体化生产模式 ············· 175

第四节 绒山羊（农牧结合）高效（生态）养殖技术模式 ·········· 183

第五章 放牧利用与天然草地干草生产模式 ···················· 190

第一节 呼伦贝尔草原半牧、半饲家庭牧场饲养模式 ··············· 190

第二节 呼伦贝尔改良草地生长季季节性轮牧技术 ················· 202

第三节 锡林郭勒盟草原肉牛"暖牧冷饲"技术模式 ············· 212

第四节 北方农牧交错带混播人工草地划区轮牧模式 ············· 219

第五节 典型草原打草场管理与收获技术（锡林郭勒） ············· 227

第六节 呼伦贝尔天然打草场管理与收获技术 ··················· 233

第一章

集约化商品草生产技术模式

第一节

科尔沁沙地苜蓿生产技术

科尔沁沙地以内蒙古通辽市为腹地，总面积 5.06 万 km²，是我国北方重要的草牧业生产基地，区域内的"中国草都"（赤峰市阿鲁科尔沁旗）苜蓿生产基地面积达 70 万亩*，是我国目前集中连片地块面积最大、配套灌溉设施最完备、机械化程度最高的苜蓿生产基地。"十三五"期间，农业部发布的《全国苜蓿产业发展规划（2016—2020 年)》中指出内蒙古自治区要发挥牛羊养殖量较大的优势，推行草田轮作，发展苜蓿干草生产，促进种养结合，规划中涉及的 48 个县大多属于科尔沁沙地；2016 年赤峰市阿鲁科尔沁旗申报的"国家紫花苜蓿种植标准化示范区"被纳入国家第九批农业标准化示范区建设项目。近年来，科尔沁沙地已逐步发展成为我国优质苜蓿优势产区之一，并对全国苜蓿产业发展起到了一定的示范引领作用。

本技术集成了近十余年来中国农业大学、赤峰市农牧科学院、内蒙古民族大学在此区域开展苜蓿生产试验研究的系列成果，并充分吸纳了当地饲草生产企业技术经验与做法，针对当前此区域苜蓿生产中存在的问题，总结了苜蓿高效建植、施肥管理、灌溉管理、干草调制、越冬管理五个领域技术要点，旨在为此区域苜蓿高效生产提供技术支撑。

---

* 亩为非法定计量单位，1 亩＝1/15hm²。——编者注

一、适用范围

该技术适用于科尔沁沙地灌溉苜蓿规模化生产。

二、技术流程

该技术包括播前准备、播种、田间管理和收获加工四部分，其中播前准备部分包括整地与土壤封闭，田间管理部分包括苗期管理、施肥管理和灌溉管理（图 1-1）。

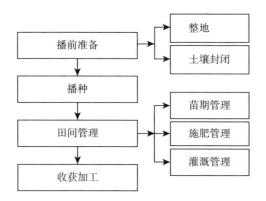

图 1-1 科尔沁沙地苜蓿生产技术流程

三、技术内容

（一）播前准备

1. 整地

整地的基本程序为耕翻、耙地或旋地、糖地（拖平）及镇压。耕翻深度达 25～30cm。整地应依地势而行，土壤紧实的地块可深松，松土深度 35～40cm。整地后的土地平整度应达到播种机播幅内高低差不超过正负 3cm。播种前应至少镇压 1 次，镇压后的苗床土壤应平整坚实（彩图 1-1）。

2. 土壤封闭

结合土壤整地进行施用土壤封闭型除草剂。可选择 48% 的氟乐灵乳油、氟乐灵与异丙甲草胺组合等，喷药后应立即用轻型耙混土，混土深度5～8cm，施药5d后即可播种。

（二）播种

夏季播种时间通常为6月20日至8月5日，最晚不迟于8月10日。为提高当年越冬率，宜于7月21日前完成播种。播种方式通常为条播，行距10～20cm；开沟条播时，行距为20cm。亦可使用专用的撒播机进行撒播，撒播后应覆土并再次镇压。条播裸种子播种量15～21kg/hm²，撒播裸种子播种量18～22.5kg/hm²。丸粒化种子的播种量按裸种播量和丸衣所占重量比进行换算。普通条播播种深度0.5～1.5cm。

（三）田间管理

1. 苗期管理

播种后至第一复叶期，视天气状况（风力、温度等）进行灌溉，先小后大，逐渐加大；先浅后深，逐渐加深，出苗期每次灌水深度4～4.5mm，以土壤表面不出现干土为准。两叶期至分枝期，表土干湿交替，每次灌溉量逐渐从6mm提高至20mm，此期通常持续2～3周。

2. 施肥管理

生长季内，根据土壤测试结果确定施肥量安排施肥计划，采用水肥一体化方式施肥时，每茬苜蓿生长初期追肥一次。如施颗粒肥，则磷肥可在返青前一次性施入。氮肥施用方法：当土壤硝态氮含量低于6.0mg/kg时，适量施用氮肥，纯氮用量30～37.5kg/hm²。土壤硝态氮含量高于6.0mg/kg时可不施氮肥。钾肥施用方法：土壤速效钾含量低于70mg/kg时，少量多次追施钾肥，钾肥施用总量为240～290kg/hm²，当土壤速效钾含量高于70mg/kg时，钾肥施用量为150～180kg/hm²。磷肥施用方法：土壤速效磷含量为该区苜蓿产量的重要影响因子之一，建议根据表1-1来确定磷肥的施用量。

3. 灌溉管理

（1）灌溉方式　喷灌。亦可探索应用地下滴灌。

（2）喷灌灌溉定额　科尔沁沙地紫花苜蓿第1至第4茬和非生长季喷

灌灌溉定额如表1-2所示。

表1-1 不同土壤速效磷含量下的推荐施肥量

土壤速效磷等级划分	土壤速效磷含量（mg/kg）	目标产量（t）	施肥量 P_2O_5（kg/hm²）
极低	<5	11	260
低	5～10	13	200
中	10～20	15	120
高	20～30	18	60
极高	>30	18	0

表1-2 科尔沁沙地紫花苜蓿第1～4茬和非生长季灌溉定额

| 生产阶段 | 时期 | 灌溉定额 | | 灌水周期 |
		（mm）	（m³/hm²）	（d）
第一茬	4月上旬至5月下旬	200～280	2 000～2 800	5～12
第二茬	6月上旬至7月上旬	120～180	1 200～1 800	7～12
第三茬	7月中旬至8月中旬	60～100	600～1 000	7～30
第四茬	8月下旬至10月下旬	120～180	1 200～1 800	7～20
非生长季	11月上旬至翌年4月上旬	50～100	500～800	—

（3）灌水周期 科尔沁沙地紫花苜蓿第1至第4茬喷灌灌水周期如表1-2所示。

（4）灌溉定额 生长季每次灌水20～50mm（200～500m³/hm²），非生长季5～10mm（50～100m³/hm²）。

（5）灌溉次数 生长季灌水20～30次，非生长季2～5次。

（6）灌溉时期 0～30cm土层土壤相对含水量降至60%时开始灌溉，或0～30cm土层土壤有效水存留比例降至35%时开始灌溉，或自上次灌溉以来土壤水分亏缺量达到灌溉定额时开始灌溉。

（7）喷灌机行停模式 走10s停50～100s，转1圈耗时3.0～5.5d。

（8）播种-幼苗期灌溉

①播种前 灌水深度应在30cm以上，灌水定额应在30～50mm

（$300\sim500m^3/hm^2$）。

②播种后至幼苗期　灌水深度5～20cm，先浅后深，逐渐加深。灌水定额8～20mm（$80\sim200m^3/hm^2$），先小后大，逐渐加大。灌水周期1～5d，先短后长，逐渐加长。喷灌机行停模式为走10s停10～40s，转1圈耗时1.0～2.5d，先快后慢，逐渐减慢。

（9）刈割期灌溉　灌水深度30cm以上，灌水定额30～50mm（300～$500m^3/hm^2$）。刈割前3d停止灌溉。

（四）收获加工

苜蓿干草收获须安排在连续5d以上无雨的天气条件下。第一茬通常在苜蓿处于现蕾末期至初花期，5月底至6月上旬刈割；第二茬在苜蓿处于初花期，7月10日之前刈割；第三茬在8月10日至20日刈割。苜蓿刈割留茬高度在5～6cm，末次刈割留茬不低于8cm。为加快水分散失，应使用带有压扁装置的割草压扁机械，并根据作业速度和喂入量调节压扁辊间隙，中度压扁，裂而不断。

打捆时，随时用水分测定仪进行跟踪检测。选择早上或傍晚大气湿度相对较高的时段进行打捆，若晚上的湿度适中，亦可连夜作业。

（五）越冬管理

1. 播种当年刈割制度

4月初至5月上旬播种，当年收获干草两次，第1茬在7月中旬左右刈割，第2茬在8月中旬刈割。

5月中旬至7月10日播种，当年刈割一次，9月10日之前完成刈割，留茬高度为8～10cm；7月10日之后播种当年不进行刈割。

2. 灌水

越冬底水灌水时期为10月下旬至11月上旬，灌溉定额为50～70mm；越冬封冻水灌水时期为11月上旬至11月中旬，灌水定额为4～5mm（$40\sim50m^3/hm^2$）。

当夜间气温下降到-6～-4℃，或日平均气温2～4℃时开始灌溉越冬水。夜间结冰白天融化是灌溉最佳时期。一年生苜蓿灌溉定额45～

60mm，二年生及以上苜蓿灌溉定额以 22.5～37.5mm 为宜。

苜蓿返青株高达 5～8cm，或冻土融通时开始灌水，灌溉定额 18～27mm，如土壤湿度良好，可不进行灌溉。

3. 越冬肥

秋季末茬刈割后追施氯化钾（K_2O≥60%）或硫酸钾（K_2O≥50%）180～270kg/hm² 。

四、操作要点

一是夏播苜蓿当年不应刈割，以利苜蓿越冬。春播苜蓿当根系达到 35cm 及以上时方可刈割，且当季刈割次数不超过 2 次。

二是为保证顺利越冬，应施用适量的越冬肥，可在苜蓿第 3 茬刈割后（8 月下旬至 9 月中旬）施用钾肥 45～180kg/hm² 。

三是新建植紫花苜蓿返青前适宜灌水时期为地表干土层厚度 1cm 左右，灌溉定额为 4～5mm（40～50m³/hm²）。

四是生长 2 年及以上紫花苜蓿返青前适宜灌水时期为地表干土层厚度 2cm 左右，灌溉定额为 5～10mm（50～100m³/hm²）。

五、效益分析

（一）经济效益

科尔沁沙地紫花苜蓿种植长期投入成本为 2 760.9 元/hm²，直接投入成本为 9 003.0 元/hm²，投入总成本为 11 763.9 元/hm²。以主要农作物玉米生产作为对照，玉米生产主要以膜下滴灌种植为主，投入总成本为 11 118.0 元/hm²（表 1-3）。

种植苜蓿的经济效益，根据近三年（2019—2021 年）苜蓿干草平均市场价格 2.3 元/kg 进行计算。种植苜蓿（圆形喷灌机）每年的平均投入为 11 763.9 元/hm²、产出 29 325.0 元/hm²、纯收入 17 561.1 元/hm²，投入与产出比为 1∶2.49、投入与收入比为 1∶1.49。玉米的经济效益，根据近三年（2019—2021 年）玉米市场平均价格 2.22 元/kg（含水量

14%～15%）进行计算。膜下滴灌种植玉米每年的平均投入为 11 118.0 元/hm²、产出 27 064.9 元/hm²、纯收入 15 946.9 元/hm²、投入与产出比为 1∶2.43、投入与收入比为 1∶1.43。种植苜蓿草地纯收益较玉米膜下滴灌种植纯收益增加 1 614.2 元/hm²（表 1 - 4）。

表 1 - 3 苜蓿草地与玉米膜下滴灌成本投入明细表

项目	金额（元/hm²）	
	苜蓿草地（圆形喷灌机）	玉米膜下滴灌
成本总计	11 763.9	11 118.0
长期投入成本合计	2 760.9	—
1. 地租	1 200.0	—
2. 喷灌设备	874.95	—
3. 机井	229.95	—
4. 整地、播种	231.0	1 836.0
5. 种子	225.0	843.0
直接投入成本合计	9 003.0	—
1. 电费	900.0	723.0
2. 施肥	3 150.0	2 404.5
3. 农药	78.0	150.0
4. 收获	3 375.0	2 529
5. 人工	1 500.0	532.5
6. 地膜、滴灌带	—	2 100.0

注：喷灌设备和机井投入成本按 20 年使用年限折算，苜蓿种子和整地、播种投入按草地利用 5 年折算。

表 1 - 4 苜蓿与玉米纯收入表

单位：元/hm²

种植方式	投入	收入	纯经济效益	投入产出比	投入收入比
苜蓿草地（圆形喷灌机）	11 763.9	29 325.0	17 561.1	1∶2.49	1∶1.49
玉米膜下滴灌	11 118.0	27 064.9	15 946.9	1∶2.43	1∶1.43

（二）生态效益

一是为生态产业防沙治沙提供了可借鉴的模式。科尔沁沙地苜蓿生产技术应用后，植被盖度由原来的不足 15％增加到 85％，草地单产和品质大幅提高，通过小面积人工草地建设，可以使大面积天然草地得到休养生息，通过高标准人工草业建设，使严重退化沙化的草地得到有效治理和优化利用，成为优质人工草地，为产业化治沙和草牧业可持续发展提供了可复制、可借鉴的模式。

二是使沙地贫瘠的土壤得到有效改善。研究数据显示，连续种植 5 年的苜蓿草地土壤有机质含量由 6.02g/kg 增加到 9.22g/kg，增加幅度53.2％；速效磷含量由 7.1mg/kg 增加到 8.4mg/kg，增加幅度 18.3％，改良土壤效果显著。

（三）社会效益

1. 推进了内蒙古自治区乃至全国牧草产业进步

技术应用后，阿鲁科尔沁旗苜蓿草地具备了"机械化作业、规模化发展、标准化生产、市场化经营、社会化服务"的现代化草产业五大特点。在种植规模、生产技术、机械化程度、草产品产量和质量等方面全国领先，是全国最大的优质苜蓿草生产基地。2013 年被中国畜牧业协会草业分会命名为"中国草都"，同年被内蒙古自治区科技厅批准为"内蒙古自治区农业科技示范区"，2017 年被国家标准化委员会确定为第九批"全国紫花苜蓿种植示范区"。

2. 推动了地方经济的快速发展

技术的应用为牧草产业发展提供了坚实的技术支撑，当地牧民直接参与种草，或者把土地流转给种草企业，或者成为企业的工人和管理者，牧民收入增加、传统思想观念快速转变，综合素质和组织化程度显著提高。目前已有 699 户牧民 2 117 人直接参与了牧草种植产业，成为业主，平均每人拥有优质牧草基地 120 亩，每亩利润 988 元，人均实现年利润 12 万元；有 1 536 户牧民 4 583 人将牧场转包给企业，共有 42.36 万亩，没发展人工草地之前每亩租金仅为每年 5 元，现在为每年 50 元以上，承包期到 2026 年，牧民草牧场流转收入达 2.96 亿元，户均一次性收入达 19.3万元。此外，草产业也促进了养殖业发展，以及电力、通信、交通运输、社会化服务、机械制造与销售、农资等行业的发展。

3. 助力国家奶业发展

技术应用使牧草品质提升，示范区一级草比例占 60% 以上，二级草占 90% 以上。生产的优质商品草远销整个华北、东北、内蒙古西部等地的大型奶牛场，国产优质牧草在市场占有了一定份额，为振兴我国奶业做出了显著贡献。

六、应用案例

内蒙古绿田园农业有限公司成立于 2004 年，是国内最早进行紫花苜蓿种植的企业之一，总部位于内蒙古赤峰市阿鲁科尔沁旗，是以苜蓿草为产业核心，集牧草种植、牧草加工、牧草贸易、肉羊养殖和生态旅游五位一体的全产业链现代化高新企业。

公司自 2011 年开始紧密联系国家牧草产业技术体系、草业协会、大中专院校和科研院所，探索与实践沙地苜蓿生产技术，结合阿鲁科尔沁旗当地实际情况，进行了标准化牧草管理运营，突破了极端倒春寒、风沙恶劣与土壤贫瘠等多重自然困境，草地植被盖度由 15% 提高到 85%，干草粗蛋白含量提升 2%～5%，越冬率提高 25%～35%，苜蓿干草产量由原来平均 9 000kg/hm^2 增长到 13 050kg/hm^2，成本由原来平均 12 000 元/hm^2 降低至 10 350 元/hm^2。生产技术的进步使公司实现了连年创利，按照 2019—2021 年三年平均市场价格 2.3 元/kg，苜蓿草地效益 30 015 元/hm^2，除去成本 10 350 元/hm^2，纯效益达 19 665 元/hm^2。现公司种植规模发展到 5 万亩，为阿鲁科尔沁旗退化草原改良与节水灌溉产业发展做出了突出贡献，实现了沙漠变绿洲的生态革新转变。

科尔沁沙地苜蓿生产技术的应用，带动了内蒙古自治区乃至全国苜蓿产业化水平的进步，助力了奶业发展，为生态产业防沙治沙提供了可借鉴的模式，经济、生态和社会效益显著，社会反响良好。

七、引用标准

1. DB15/T 1862—2020 科尔沁沙地苜蓿种植技术规程

2. DB15/T 1863—2020　科尔沁沙地苜蓿灌溉技术规程

3. DB15/T 1864—2020　科尔沁沙地苜蓿施肥技术规程

4. DB15/T 1865—2020　科尔沁沙地苜蓿干草调制技术规程

5. DB15/T 1966—2020　科尔沁沙地灌溉苜蓿刈割技术规程

6. DB15/T 1509—2018　内蒙古中东部沙地节水灌溉苜蓿越冬管理技术规程

起草人：王显国、梁庆伟、孙洪仁、杨秀芳、张玉霞、李清泉、王盛男、刘庭玉、杨朝伟

通辽市浅埋滴灌青贮玉米生产技术

通辽市位于内蒙古自治区东部、科尔沁草原腹地，全市总面积 5.9 万 km²，辖 8 个旗（县、市、区）和 1 个自治区级高新技术产业开发区，总人口 287 万，地处世界著名的黄金玉米带和肉牛黄金带，是国家重要的商品粮基地、畜牧业生产基地，粮食作物播种面积近 2 000 万亩。其中，玉米常年播种面积达 1 500 万亩，玉米年产量超过 75 亿 kg，玉米综合加工转化能力 450 万 t，是名副其实的内蒙古粮仓。

随着全球水资源的日趋紧张以及现代农牧业发展进程的加快，通辽地处西辽河平原，该地区玉米主产区也面临着水资源短缺等一系列生态问题，其中农业用水量大是该地区水资源短缺的主要原因。在生产实践中传统的大水漫灌方式，不仅造成水资源浪费，同时也加速肥料的淋溶、环境安全风险加大。鉴于此，我们致力于研究既可以不破坏生态环境，大幅度提高玉米的产量和品质，又可以实现清洁生产、生态节水的浅埋滴灌生产技术。近年来青贮玉米的种植面积越来越大，在农业结构调整中占有重要的地位，可为畜牧养殖提供优质的饲草，解决草料短缺的问题。浅埋滴灌生产技术可以提高青贮玉米的产量和品质，提高农民的收入，促进畜牧业的发展。因此，探究玉米浅埋滴灌技术、推行节水农业直接关系到该地区粮食安全、畜牧业及加工业的发展，对提升区域经济具有举足轻重的作用，对可持续发展和粮食安全具有重要的现实意义，同时可进一步夯实农牧业发展基础，探索出一条以生态优先、绿色发展为导向的高质量发展之路。

一、适用范围

该技术适用于内蒙古自治区东部、松辽平原西部满足灌溉条件的地区。适宜玉米品种：京科 968、京科青贮 516、科多 8 号等（彩图 1-8、

11

彩图1-9）。

二、技术流程

选择土地平整或局部平整具有灌溉条件的地块，进行青贮玉米播种。管道铺设采用浅埋滴灌精量播种铺带一体机与播种同步进行。在玉米的拔节期和孕穗期进行滴灌。玉米苗期进行查苗补苗，3叶期间苗，4～5叶时定苗，在苗期和拔节期进行中耕除草。6月下旬（小喇叭口期）实行水肥一体化进行追肥（尿素每亩25kg）。玉米生育期间应及时防治玉米螟、蚜虫、大小斑病、丝黑穗等病虫害。在玉米的乳熟末期至蜡熟初期进行收获，并进行青贮处理。最终形成机械化一体的技术模式进行大面积示范推广（图1-2）。

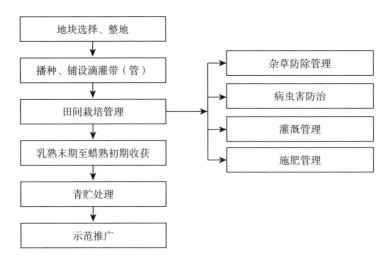

图1-2 浅埋滴灌青贮玉米生产技术流程图

三、技术内容

（一）地块选择

选择具有灌溉条件的、滴灌管网能配套的、耕层深厚、土质白五花、地势平坦、供电设备良好的地块。

（二）种子准备

1. 品种选择

选用适应当地自然生态条件的优质、高产、营养价值高、适口性良好的青贮玉米品种，如京科 968、京科青贮 516、科多 8 号等。

2. 种子质量

选用符合 DB15/T 1335—2018 中规定的种子质量（表 1-5）。

表 1-5　种子质量

纯度	净度	发芽率
≥96.0%	≥98.0%	≥93%

3. 种子处理

（1）精选　剔除瘦、小、碎、霉粒和虫粒，做好发芽试验。

（2）晒种　晾晒 2～3d，并经常翻动种子，增加温度、提高种皮通透性、增强种子内部酶活性、打破种子休眠期、提高种子出芽和成苗率，同时晾晒能杀灭种子病菌，减轻病虫害的发生。

（3）种子包衣　种子进行包衣处理选用符合 GB/T 8321 的包衣剂，人员安全符合 NY/T 1276。这样可以有效防治地下害虫和丝黑穗病，确保成苗率，降低因种子问题造成的缺苗。

4. 播期

一般在 4 月中旬至 5 月上旬，当 5～10cm 土层温度稳定在 8～10℃时，田间的持水量保持在 69% 以上，即可播种，比露地栽培早 7d 左右。

5. 播种量

依据 DB15/T 1335—2018，根据品种特性、土壤肥力和积温条件确定合理种植密度，确定播种量，进行机械化精量播种。

6. 种植密度

根据土壤肥力情况、青贮玉米品种特性、当地的积温条件来确定种植密度，一般在 4 500～5 500 株/亩。

（三）整地

整地要做到深耕、松软，透气性好，一般耕层要达到 20cm 左右。

（四）滴灌带选择与铺设

1. 滴灌带选择

滴灌带选择应符合 GB/T 19812.1 要求。迷宫式滴灌带或贴片式滴灌带，滴头间距 20～30cm，流量 2～3L/h，内嵌迷宫式滴灌管水压一般在 50～250KPa，滴灌主管水压一般不超过 0.6MPa。

2. 灌溉水标准

农田灌溉水质符合 GB 5084 规定，如果灌溉水杂质多需进行过滤。

3. 滴灌带铺设方法

毛管铺设采用浅埋滴灌精量播种铺带一体机与播种同步进行，符合 GB/T 20203、GB/T 50625、SL 236 要求，毛管埋设在距土壤表层以下 3～5cm（彩图 1-2）。在播种结束后，铺设地上给水主管道，在主管道上连接支管道，支管垂直于垄向铺设，间隔 100～120m 垄长铺设一条支管（彩图 1-3）。主管道与每根支管道的交接处前端设置控制阀，分单元进行滴灌。根据井控面积和地块实际情况科学设置单次滴灌面积，一般以 15～20 亩为一个灌溉单元。

（五）浅埋式灌溉施肥系统安装

播种后安装灌溉施肥系统，施肥原则严格按照 NY/T 496—2010 执行。种肥每亩为 25kg 磷酸二铵、复合肥或玉米专用肥（N：P$_2$O$_5$：K$_2$O=15：20：10，总量≥45％），追肥每亩尿素 25kg。浅埋滴灌施肥系统主要由水源、加压设备（水泵等）、过滤设备、施肥设备、田间输水管道及沿玉米种植行铺设的浅埋式滴灌带组成。浅埋滴灌带铺设在土壤表层下方 3～5cm，支管可埋设在土壤表层下方 3～5cm，也可置于土壤表层，将主管、支管道与水泵、施肥设备、控制阀门、压力表等连接好，最后与滴灌带连接。施肥罐中的肥液依次经滴灌主管、支管后流向各浅埋滴灌带，从而实现玉米施肥（彩图 1-4 至彩图 1-6）。

（六）田间管理

1. 苗期管理

（1）及时查苗、补苗，避免缺苗。

（2）化学除草，在玉米 3～5 叶期、杂草 2～4 叶期进行，除草剂有烟嘧磺隆、莠去津等。

（3）中耕 2 次，在宽窄行大垄进行，苗期第一次中耕，避免伤害幼苗，深度 10cm；拔节期第二次中耕，深度 15～20cm。

2. 孕穗期管理

（1）追肥（尿素每亩 25kg） 6 月下旬（小喇叭口期）实行水肥一体化追肥。追肥结合滴水进行，施肥前先滴灌清水 30min 以上，待滴灌带得到充分清洗，检查田间给水一切正常后开始施肥。施肥结束后，再连续滴灌 30min 以上，将管道中残留的肥液冲净，防止化肥残留结晶阻塞滴灌毛孔。

（2）滴灌 在玉米的拔节期和孕穗期进行。植株生长迅速，需水量大，要及时灌水。

（3）病虫害综合防治 青贮玉米生育期间应及时防治玉米螟、蚜虫、大小斑病、丝黑穗等病虫害。农药使用应符合 GB/T 8321 规定；农药使用人员安全符合 NY/T 1276 要求。

（七）收获利用

1. 青贮玉米收获

最适收获期一般在玉米籽粒的乳熟末期至蜡熟初期，含水量在65％～70％，此时收获可获得产量和营养价值的最佳值。收获时应选择晴好天气，避开雨天收获，并做到随时收获随时完成加工贮藏，避免因堆积过多而发热，影响品质（彩图 1-7）。

2. 滴灌带（管）回收

滴灌带（管）在青贮玉米收获前人工回收。

四、操作要点

最佳收获时期是籽粒乳熟末期至蜡熟初期，全株水分含量在 65％～70％。水分含量过低会造成原料不宜压实，空气滞留造成原料霉变；水分含量过高会造成青贮大量排汁。

青贮加工，原料要切碎，一般切至 1.0～1.5cm 最适宜。在干物质含量 28%～31%，切割长度为 1.1cm 时，要求籽粒破碎成 0.2cm 最佳。

滴灌带不要埋过深，避免造成滴灌带被土压实，不能进行滴灌，造成缺苗断垄现象。

注意防虫防鼠，滴灌带内存留余水，应避免虫、鼠因口渴咬断滴灌管。

除草及时，保证质量，在玉米 3～5 叶期、杂草 2～4 叶期进行除草。

五、效益分析

(一) 经济效益

一般在中等地力条件下浅埋滴灌青贮玉米亩产鲜秸秆可达 4.5～6.3t，种植 2～3 亩地青贮玉米即可解决一头高产奶牛全年的青粗饲料供应；用青贮玉米料饲喂奶牛，每头奶牛一年可增产鲜奶 500kg 以上，且可节省 1/5 的精饲料，青贮饲料中含粗蛋白质可达 3% 以上，青贮玉米是高产优质的理想饲料。

浅埋滴灌种植青贮玉米每亩增加纯收入在 220～270 元，浅埋滴灌每人每天可灌溉 80 亩，常规管灌每人每天可灌溉 10 亩，因此浅埋滴灌节省劳力显著。每亩每次灌溉可节省工费 8.75 元，整个生育期按 3 次计算节省 26.25 元（表 1-6）。浅埋滴灌通过管道输水，输水利用系数达 97%。常规灌溉方式为每亩 280～310m³，浅埋滴灌为每亩 196～217m³，田间浅埋滴灌比常规灌溉方式节水 30% 用水量，可节约土地 5%。浅埋滴灌青贮玉米种植综合评价每亩增收节支 200～300 元。

表 1-6　不同种植模式灌溉用工对比

种植模式	每人每日灌溉面积（亩）	工费（元/人·日）	平均工费（元/亩·次）	节省（元/亩·次）	灌溉次数（次）	省工费（元/亩）
浅埋滴灌	80	100	1.25	8.75	3	26.25
常规管灌	10	100	10	—	3	—

（二）生态效益和社会效益

浅埋滴灌肥料随水滴灌到作物根区，局部施肥，用量小，利用率高，减少了肥料对土壤和地下水的污染。

浅埋滴灌不破坏土壤团粒结构，为作物生长创造了一个水、肥、气、热协调的生态环境。同时，由于滴灌属于精量灌溉，无深层渗漏，可防止土壤次生盐渍化。

浅埋滴灌采用管道输水输肥，与传统灌溉施肥相比降低了劳动强度，提高了劳动效率。

浅埋滴灌浸润可使作物根系周围形成低盐区，有利于幼苗成活和作物生长。

浅埋滴灌提高青贮玉米抗灾能力和饲草产量品质，有利于畜牧业发展，同时带动了相关产业的发展。

六、应用案例

2019年，内蒙古科尔沁农业技术推广中心在科尔沁区丰田镇辽阳村开展了青贮玉米品种比较试验，采用浅埋滴灌水肥一体化技术、全程机械化技术和绿色防控技术。从2016年到2019年，202户村民全部入社，托管土地3 712亩，每亩地增加的纯收入在220～270元，经济效益达69.8万～100.2万元。

七、引用标准

1. DB15/T 1335—2018　玉米无膜浅埋滴灌水肥一体化技术规范

2. GB/T 8321.1—2000　农药合理使用准则

3. NY/T 1276—2007　农药安全使用规范总则

4. GB/T 19812.1—2017　塑料节水灌溉器材　单翼迷宫式滴灌带

5. GB 5084—2021　农田灌溉水质标准

6. NY/T 496—2010　肥料合理使用准则　通则

7. GB/T 20203—2017　管道输水灌溉工程技术规范

8. GB/T 50625—2010　机井技术规范

9. SL 236—1999　喷灌与微灌工程技术管理规程

起草人：王振国、王显国、严海军、张玉霞、王春雷

宁夏灌区地下滴灌苜蓿生产技术

苜蓿是牧草之王，苜蓿产业被誉为"牛奶生产的第一车间"。宁夏地处我国苜蓿产业带的核心区域，得天独厚的自然生态禀赋和资源优势使该区具备了发展以优质苜蓿为代表的牧草产业比较优势，并成为我国重要的优质苜蓿商品草生产基地，基本形成了北部引黄灌区和南部雨养区苜蓿生产发展格局，但用于奶牛饲喂的一级以上优质苜蓿供给则主要依赖灌区苜蓿和外购商品草，2019 年全区灌溉苜蓿种植面积达 10 500hm²，供给奶牛养殖的苜蓿干草 20 万 t，外购苜蓿草捆 28.5 万 t（其中进口 5.2 万 t），优质苜蓿草短缺已成为制约该区奶业高质量发展的瓶颈。同时，由于苜蓿种植高耗水的特性，加之该区苜蓿种植多采用漫灌方式灌溉，生育期灌水量多在 10 000m³/hm² 左右，成为继水稻之后需水量第二的作物，在水资源供给刚性约束的前提下，通过扩大种植面积提升苜蓿草供给量难以为继，必须走节水高效的发展道路。

地下滴灌是通过地下毛管把灌溉水直接渗入作物根系层的微灌技术，由于其管带埋于土壤表面以下，并且易于控制灌溉水量和水分在土壤中的分布，对减少作物棵间蒸发和深层渗漏及防止盐碱化具有很好的效果，可精准地进行农药、肥料的施入，有效降低地表湿度并保持较高的地温，改善耕层土壤结构，为作物生长创造良好的环境，被认为是最具发展潜力的高效节水灌溉技术之一。已有研究表明，苜蓿草田进行地下滴灌灌溉，在保证产量与漫灌持平的情况下，可实现节约灌溉水 30%～45%，并且可通过各茬次养分的随水均衡供给而提高饲草品质。

一、适用范围

该技术适用于宁夏及周边灌区苜蓿种植，包括自流灌溉、扬水灌溉、库井灌溉等地区具备灌溉条件的苜蓿草田种植。

二、技术流程

地下滴灌苜蓿生产技术流程见图 1 - 3。

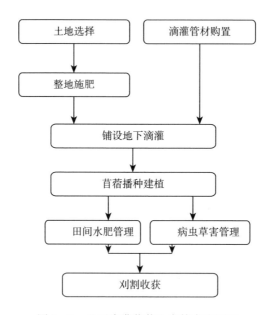

图 1 - 3 地下滴灌苜蓿生产技术流程图

三、技术内容

(一) 土地选择整理

1. 选地

选择具有灌溉条件，土层厚度≥60cm，pH≤8.5，可溶性盐分≤0.3%，前茬为非豆科作物的田块。

2. 施基肥

测定 0~20cm 土层土壤有机质、碱解氮、有效磷、速效钾含量及土壤 pH，土壤有机质<1.5%时，黏土和壤土施有机肥 30~45t/hm²，沙土施有机肥 50~60t/hm²；土壤碱解氮<15mg/kg 时，基施纯 N 40kg/hm²；磷肥施用量根据有效磷测试结果按表 1 - 7 施用，钾肥施用量按速效钾测

试结果按表 1-8 施用。

表 1-7　基于苜蓿目标产量（干草）的推荐施磷量

0～20cm 土层有效磷含量 （mg/kg）	评价	目标产量（t/hm²）			
		5	10	15	20
		磷肥 P₂O₅ 推荐用量（kg/hm²）			
0～5	缺乏	60	120	170	230
5～10	基本足够	30	60	120	170
10～15	足够	0	0	60	120
＞15	较高	0	0	0	60

表 1-8　基于苜蓿目标产量（干草）的推荐施钾量

0～20cm 土层速效钾含量 （mg/kg）	评价	目标产量（t/hm²）			
		5	10	15	20
		磷肥 K₂O 推荐用量（kg/hm²）			
0～5	缺乏	60	120	230	300
5～10	基本足够	0	60	120	230
10～15	足够	0	0	60	120
＞15	较高	0	0	0	60

3. 整地

基肥撒施后进行犁地，耕翻深度在 20cm 以上，后进行耙地、激光平地。

（二）地下滴灌系统布设

1. 滴灌管材选择

采用主管、支管、毛管 3 级管网系统。主管符合 SL 103—95 的要求。支管为 PE 管材，外径 50mm、63mm 或 75mm，公称压力≥0.40MPa。毛管为内镶贴片防虹吸式滴灌带或滴灌管，内径 16mm，壁厚 0.2～0.6mm，滴头流量 1.1～1.6L/h，滴头间距 30cm，额定工作压力不大于 0.1MPa，沙壤质土滴头流量取上限。

2. 田间铺设

主管、支管采用小型挖机开沟布设安装，技术标准符合 GB/T 50485—2009 和 SL 103—95 的规定。毛管采用地下滴灌布设机作业，埋深 10～15cm，间距 50～60cm，铺设长度为 40～60m。壤质土滴灌带铺设长度、间距及埋深取上限，沙壤各参数取下限。毛管铺设要求自然松弛，接头连接牢固，螺母旋拧到位。完成田间毛管铺设后，依次打开各轮灌组主管、支管和毛管的末端进行冲洗，将各级管道内的污物排出后安装堵头，最后对整个施工田块填土复平。

（三）苜蓿草田建植

1. 播种

地下滴灌系统布设完成的地块在早春 10cm 以上，土层温度 5～7℃ 至秋季 8 月前均可进行播种，采用气旋式精量条播机播种，行距 15～20cm，播深 1.5～2cm，播量为裸种 15～22.5kg/hm²，播后及时糖地镇压。

2. 播后及苗期水分管理

早春顶凌播种的地块可利用土壤旱墒自行出苗，其他时期播种的地块播后及时用地下滴灌，采用少量多次的方法进行灌溉，灌水定额 120～150m³/hm²，播后前 3 次灌水间隔 2～3d，然后每次灌水间隔 4～5d，直至苗期结束，壤质土取上限，沙壤土取下限。

（四）田间管理

1. 灌溉水处理

选择符合 GB 5084 要求的黄河水、水库水或地下水为水源。砂石过滤器填装石英砂粒径为 2～4mm，叠片过滤器或筛网过滤器目数为 115～150 目，各水源净化处理后悬浮固体物≤50mg/L，具体净化处理步骤如下。

黄河水→预沉池沉沙→砂石过滤器→叠片过滤器/筛网过滤器；

地下水→离心过滤器→筛网过滤器；

水库水→砂石过滤器→叠片过滤器/筛网过滤器。

2. 水肥一体化施用

宁夏灌区平水年（$P=50\%$）自然降雨量 202mm，苜蓿地下滴灌条件下全生育期灌水 5 550m³/hm²，在丰水年（$P=25\%$）和枯水年（$P=85\%$）灌溉定额分别减少或增加 600m³/hm²，在苜蓿生长季降雨量偏离多年平均值的月份适度调整灌水次数。平水年具体灌溉制度如表 1-9。

表 1-9　宁夏灌区苜蓿地下滴灌水肥管理制度（平水年）

茬次		第1茬	第2茬	第3茬	第4茬	冬灌	合计
水分管理参数	灌水时间	4月下旬灌返青水1次，之后每隔7d灌水1次，至5月下旬第1茬收获前5d停水	第1茬干草拉运出地后，于6月初灌水1次，之后每隔7d灌水1次，6月底第2茬收获前5d左右停水	7月初第2茬干草拉运出地后灌水1次，之后每隔5d灌水1次，至8月初收获前5d停水	8月上旬第3茬干草拉运出地后灌水1次，之后每隔15d左右灌水1次，视降雨状况灌水日期适度调整	11月上旬气温在2℃以上时连续灌水3次，间隔2～3d	5 542.5m³/hm²
	灌水定额(m³/hm²)	217.5	262.5	217.5	240	300	
	灌水次数	6	5	6	3	3	
	灌水量(m³/hm²)	1 305	1 312.5	1 305	720	900	
养分管理参数	N(kg/hm²)	39	24	19.5	15	0	97.5
	P_2O_5(kg/hm²)	66	42	33	24	0	165
	K_2O(kg/hm²)	54	34.5	27	19.5	0	135
	施肥时间	第1、第3次灌水	第1次灌水	第1次灌水	第1次灌水		
	占比	10%、30%	25%	20%	15%		

3. 杂草防除

播期土壤处理，采用 48% 地乐胺乳油 3 000～3 750mL/hm² 兑水

600L，喷施地表后耙糖播种。生长期茎叶处理见表1-10。

表1-10　宁夏灌区苜蓿生长期杂草化学防治方法

杂草类型	常见杂草名称	化学防治方法
一年生阔叶杂草	苘麻、反枝苋、藜、猪毛菜、地肤、苍耳	1. 苜蓿2～3叶时，可用25%苯达松水剂2 700～3 000mL/hm²，兑水450L喷雾。 2. 混生有单子叶杂草时，可用25%苯达松水剂2 700～3 000mL/hm²复配10.8%高效氟吡甲禾灵乳油450～600mL/hm²，或5%咪唑乙烟酸水剂1 200～1 800mL/hm²，兑水450L喷雾。
一年生单子叶杂草	稗草、马唐、狗尾草、牛筋草、三棱草	苜蓿2～3叶时，杂草出齐苗时可选用10.8%高效氟吡甲禾灵乳油450～600mL/hm²，或15%精吡氟禾草灵乳油750～900mL/hm²，或6.9%精噁唑禾草灵800～1 050mL/hm²，或5%精喹禾灵乳油900～1 050mL/hm²，兑水450L喷雾。
主要多年生阔叶杂草	打碗花、刺儿菜、牛繁缕	用41%草甘膦水剂4 500～7 500mL/hm²，或74.7%草甘膦粒剂2 250～3 000mL/hm²，兑水450～900L喷雾。
主要多年生单子叶杂草	芦苇、白茅	苜蓿生长期田间芦苇可选用41%草甘膦水剂9 000mL/hm²或74.7%草甘膦粒剂4 500mL/hm²，兑水450L，戴胶皮手套进行人工茎叶涂抹。
旋花科一年生寄生性杂草	菟丝子	1. 播种前或播后苗前，可用48%地乐胺乳油3 000～3 750mL/hm²，兑水900L进行土壤喷雾处理。 2. 在菟丝子转株危害时，可用48%地乐胺乳油2 550～3 000mL/hm²，兑水900L喷雾。

4. 病虫害防治

每茬苜蓿株高达到10cm时进行病虫害药剂防治。害虫主要有蓟马、蚜虫，可选用4.5%高效氯氰菊酯乳油300mL/hm²＋吡虫啉颗粒30g/hm²兑水450L喷雾；在第3、第4茬时预防苜蓿褐斑病、叶斑病，可用5%醚菌酯可湿性粉剂3 000倍液、40%氟硅唑乳油7 500倍液喷施。

（五）收获

以现蕾盛期至始花期刈割最佳，最后一次刈割应在10月初完成。视生长情况，建植当年苜蓿可刈割1～2次，第二年后可刈割4～5次，刈割时留茬5～7cm，最后一茬留茬7～9cm。

（六）地下滴灌系统维护

1. 田间管网的维护

在地下滴灌系统灌水期间，应安排专人对正在灌水的灌溉单元进行巡查，对发现漏水的各级管路及时修理完善。

2. 系统冲洗

系统每运行 2～3 个月时，按轮灌组依次打开主管、支管的排水阀，开启水泵冲洗，至排出清水时关闭阀门

3. 冬前排水

灌溉季结束后，按轮灌组对田间地下滴灌系统进行冲洗，待各排水阀无残存水排出时，关闭阀门，以防地下管网上冻。同时，将抽水泵、施肥设备、过滤器及电磁阀等内存水排尽。

4. 过滤系统的维护

各过滤器前后压力差值超过 0.07MPa 时，需要对该过滤器进行清洗。砂石过滤器视水质情况，每年对介质进行 1～6 次清洗，采用人工清除过滤器中结块的沙子和污物，如发现介质不足应及时添补，后进行反冲洗直到放出清水为止。叠片过滤器清洗时，将过滤器拆开拿出叠片置于清水中用刷子清洗，后将叠片放回，盖上盖子使用。离心过滤器在使用过程中及时检查集砂罐并打开排砂口进行排砂，以防罐中收集砂石太多影响设备正常工作。筛网过滤器要经常清理网芯，发现破损立即更换。

四、操作要点

秋季作物收获完成后，按照苜蓿种植施肥要求撒施肥料，进行地下滴灌布设，赶冬灌前完成田间工程，为苜蓿播种建植争取时间。

苜蓿生长周期较长，地下滴灌布设完成后一般使用 5 年作业，因此，毛管应选用具有防虹吸的滴头，避免泥沙倒吸入出水器发生堵塞，影响苜蓿生长。

春夏季建植的苜蓿草田在播种前不需要造墒，采取干播湿出方式，于播后及时灌水，使滴灌带行间全部浸湿而不积水为宜，在出苗前一直保持

地表湿润防止板结。

五、效益分析

（一）经济效益

宁夏灌区漫灌苜蓿草田生产成本为 10 650 元/(hm²·年)，采用地下滴灌方式后，可减少肥料成本 793.5 元/(hm²·年)，增加电费 750 元/(hm²·年)、田间维护费 750 元/(hm²·年)、铺设费 600 元/(hm²·年)、滴灌系统耗材费用 4 200 元/(hm²·年)，使成本增加 5 506.5 元/(hm²·年)。通过连续 4 年的跟踪调查，地下滴灌苜蓿草田产量达 16.5t/(hm²·年)，与漫灌相比增幅达 30%～35%，产值增加 9 900 元/(hm²·年)，净利润增加 4 393.5 元/(hm²·年)，经济效益显著。

（二）生态及社会效益

宁夏灌区苜蓿漫灌种植灌水量多为 10 000m³/(hm²·年)，采用地下滴灌方式种植后，灌水量为 5 500m³/(hm²·年)，在确保产量的前提下，可实现节约水资源 4 500m³/(hm²·年)，对缓解区域水资源供需矛盾、提高水资源利用效率意义重大。同时，对推进粮改饲种植业结构调整，促进区域饲草产业发展壮大意义重大。

六、引用标准

1. GB 5084—2021　农田灌溉水质标准
2. DB64/T 937—2013　苜蓿生产技术规程
3. DB64/T 1597—2019　苜蓿地下滴灌技术规程

起草人：王占军、杜建民

河套灌区青贮玉米生产技术

河套灌区北靠阴山，南临黄河，西至乌兰布和沙漠，东至包头。东西长 270km，南北宽 40~75km，总面积 105.33 万余 hm²。灌区地形平坦，西南高、东北低，海拔 1 007~1 050m，坡度 0.125‰~0.2‰。土壤以盐渍化浅色草甸土和盐土为主。灌区热量充足，全年日照 3 100~3 200h，10℃以上活动积温 2 700~3 200℃，无霜期 120~150d，一年可一熟。

河套地区是内蒙古自治区重要的奶源基地，因此，保证优质玉米青贮的来源也尤为重要。因为玉米的茎秆、叶等部分不能很好地利用，这样不仅浪费了大量的营养物质，而且对环境造成了污染。发展青贮玉米可以很好地解决玉米秸秆的利用问题。

一、适用范围

该技术适用于农牧交错带内海拔 1 000m，积温（10℃以上）2 700~3 200℃的具有井黄双灌条件地区种植。

适用品种有迪卡 159，利单 771，中地 88，金岭系列（金岭 7 号、金岭 10 号、金岭 14）。

二、技术流程

河套灌区青贮玉米生产技术路线见图 1-4。

三、技术内容

（一）种子准备

1. 选种

品种形态特征应选用持绿性好、叶片繁茂、茎叶多汁、组织柔软鲜

27

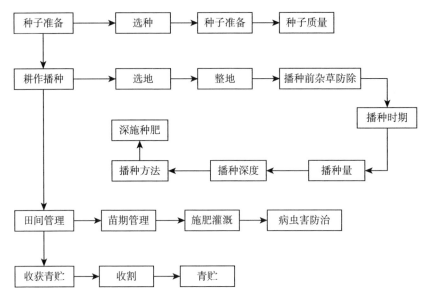

图 1-4　河套灌区青贮玉米生产技术路线图

嫩、绿色体产量高；生物学性状具有抗病、耐密植、抗倒伏、宜于机械收割；生育期要求 135d 以上。

2. 种子处理

种子精选后，播前晒种 2～3d，有包衣条件也可用种衣剂进行包衣处理。地下害虫危害严重的地方，可以按每千克玉米种子量用 2mg 20% 甲基异柳磷乳剂稀释 100～120 倍液或 50% 辛硫磷乳剂稀释 500 倍液进行拌种处理。拌种过程中要注意适当加水，边拌边搅混，尽可能做到拌种均匀。

3. 种子质量

种子质量应符合 GB 6142—2008 规定的二级以上种子，并满足 GB/T 2930.6—2017 检验合格的健康种子。

（二）耕作播种

1. 选地

选择土层深厚，结构良好，土质肥沃，保水保肥的土壤。机械化作业应选择平坦和交通便利的地块。

2. 整地

在播种前一年，当前茬作物收获后，每公顷撒施腐熟有机肥 60～75t，秋深耕 20～25cm。用犁耕翻后及时平整土地并起埂，封冻前浇透冬灌水，每公顷灌水量 900～1 500m³。早春顶凌耙糖保墒，使表层 20cm 土层含水量达到田间持水量 60％以上。要求耕层上虚下实，无坷垃，无根茬，土壤容重小于 1.2g/cm³。

3. 播种前杂草防除

播种前用化学药剂进行封闭除草（表 1－11）。

表 1－11　杂草防除

化学药剂	施用量	使用方法
38％莠去津	250～350g	
50％莠去津	180～260g	水溶喷施土壤表面
90％莠去津	110～130g	

4. 播种时期

当春季距地面 5～10cm 土层温度稳定在 10～12℃时即可尽早播种，一般在 4 月下旬至 5 月上旬。如采用地膜覆盖栽培技术，可提前一周播种。

5. 播种量

每公顷播种量为 45.0～52.5kg，即每穴 2～3 粒种子。

6. 播种深度

播深 5～6cm，播后及时覆土，适度镇压 1 次。

7. 播种方法

采用穴播，播种行距 50cm，株距 20～25cm。

8. 深施种肥

可用磷酸二铵作种肥，施用量 225～300kg/hm²，采用分层播种机，使肥料分布于种子下方 4～5cm。

（三）田间管理

1. 苗期管理

玉米出苗后一周内，对覆膜的玉米要及时破洞放苗，田间密度要求达到每公顷 67 500～75 000 株。未进行覆膜的玉米，在 3～4 片叶时，应结合浅中耕进行除草间苗；5～6 片叶时，结合深中耕进行除草定苗；也可在苗期用化学除莠剂防除杂草，常用的药剂有磺草酮、烟嘧磺隆等。

2. 施肥灌溉

在玉米展开 6～7 片叶、开始拔节前，及时追施尿素每公顷 180～225kg；在玉米大喇叭口期，每公顷及时追施尿素 225～300kg。并结合拔节期和大喇叭口期的追肥进行灌水。为提高肥料利用率，应采用条深施或穴深施。如在玉米抽穗期遇干旱，应按每公顷 900m³ 灌水定额浇抽穗水。在灌浆期，田间持水量低于 70% 时，应按每公顷 750m³ 灌水定额浇灌浆水。

3. 病虫害防治

玉米发生病害的情况不多，主要有地老虎、红蜘蛛、玉米螟、蚜虫和黏虫等虫害（表 1-12）。

表 1-12　病虫害防治

虫害类型	时期	化学药品	比例	喷施部位	备注
地老虎	生长初期	2.5% 溴氰菊酯乳油	1:3 000	根部	
地老虎	生长初期	50% 辛硫磷乳油	1:800	根部	
红蜘蛛	7月至8月初	73%的克螨特乳油	1:1 000	叶片	
红蜘蛛	7月至8月初	20%的复方浏阳霉素乳油	1:1 000	叶片	
玉米螟	7月至8月初	5%甲基异柳磷	1:6	叶片	制成毒砂或颗粒剂，每株撒施 1～2g。
玉米螟	7月至8月初	1.5%辛硫磷	1:15	叶片	
蚜虫	7月至8月初	10%的吡虫啉可湿性粉剂	1:2 000/3 000	叶片	
黏虫	7月至8月初	2.5%氟氯氰菊酯乳油	300mL/hm²	叶片	

（四）收获青贮

1. 收割

（1）收获机械　收获机械的选择及性能、作业质量均应符合 NY/T

2088 的规定。

（2）收获时期 青贮玉米籽粒乳线位置在 1/2 到 3/4，干物质含量在 30%～35%时，即可收获。

（3）留茬高度 机械收获的留茬高度一般为 15～20cm，收获部分不应带泥土和根茬。

（4）收获质量 整株青贮玉米秸秆根部切割面平整，无撕扯现象。切段长度 2～3cm，一致性不低于 90%，籽粒破碎率不低于 90%。切割、切碎、抛送过程中，收获损失率小于总产量的 2%，切段缠结率应小于 15%。

2. 青贮

收获的玉米青贮原料制成的青贮料品质要达到 GB/T 25882—2010 二级品质要求。

（1）窖式青贮作业 青贮玉米原料装填到青贮窖（池）时要迅速、均一，与压实作业交替进行。原料每装填一层压实一次，青贮池每次装填厚度 30～50cm，宜采用拖拉机或专用青贮压实机等机械压实。装填和压实作业质量应符合 NY/T 2696—2015 的规定。

（2）袋式青贮作业 青贮玉米原料经压缩成形后，直接压入塑料袋进行密封贮存。袋装青贮饲料的贮存场地应平整、排水良好、没有杂物。堆垛贮存时 30kg 袋不宜超过 7 层，60kg 袋不宜超过 5 层。

（3）裹包青贮作业 原料含水率 65%～70%时，草捆压实密度应达到 600kg/m³ 以上。打捆机械将草捆卸出落地后，及时将草捆放到包膜机械上，用青贮专用塑料拉伸膜进行包膜作业，包膜层数 4～6 层。

四、操作要点

（一）机械收获作业条件

1. 地块整体平坦适于机械收获，地块土壤含水率小于 25%，收获机轮胎不下陷时为宜。

2. 收获期倒伏倒折率之和应不高于 5%。

3. 应按要求配备作业人员和辅助人员。操作人员应经过专业培训，熟悉机具性能和操作，掌握维修要领。

4. 作业人员应严格按收获机械使用说明书中的安全作业要求操作，不得在酒后或过度疲劳状态下作业。

（二）青贮作业要求

1. 窖式青贮装填压实作业过程中，不得带入外源性异物。

2. 裹包青贮饲料的贮存场地应平整、排水良好、没有杂物。

3. 袋装青贮和裹包青贮应随时检查包装袋是否有破损现象，如有破损应及时修补。

（三）取用要求

1. 取用时间

环境温度10℃以上时，青贮饲料密封贮藏应不低于35d方可开封取用；环境温度低于10℃时，适当延长发酵存放时间。

2. 取用方式

对于窖式青贮，宜采用青贮取料机进行取料，作业后应保持取用面平整，每天取用厚度不应少于30cm。对于袋式青贮，应随用随取，若开封后一次未取完，应及时扎紧袋口，保持密封状态。对于裹包青贮，宜采用专用机械进行拆包，也可人工拆包，拆包后应避免饲料中有网膜残留。

五、效益分析

河套灌区青贮玉米生产技术解决了内蒙古河套灌区青贮玉米产品品质差和生产加工水平低下的问题，进一步贯彻落实"以生态优先，绿色发展为导向的高质量发展新路子"，落实国家"藏粮于地、藏粮于技"战略。黄河流域地表植被的裸露，导致降雨后形成大面积的地表径流，水土流失严重。大面积种植青贮玉米，不仅增加了植被覆盖率，减少了黄河流域泥沙的流失量，而且能有效地减轻天然草场的压力，保护和恢复生态环境，对改善土壤贫瘠、防风固沙及黄河水土流失治理具有极为重要的作用。

青贮玉米营养丰富、有"草罐头"美誉，气味酸香，消化率较高，鲜样中含的粗蛋白质可达3%以上，同时还含有丰富的糖类，是饲喂牛、羊等家畜的上等饲料。用青贮玉米饲喂奶牛，每头奶牛一年可增产鲜奶500kg以上，还可节省1/5的精饲料。青贮玉米制作占用空间小，能长期保存，一年四季可均衡供应，是解决牛、羊、鹿等草食动物所需青贮饲料有效的途径。

以土默特左旗青贮玉米生产为例，每公顷的成本效益计算如表1-13。

表1-13　土默特左旗青贮玉米生产效益分析

土地及管理水平利润估算	项目	费用（元/hm²）	产量（kg/hm²）	售价（元/t）	纯收入（元/hm²）
肥水较好的土地，管理投入中等，产量较高，干草质量较好	租地费	6 000	9 000	2 300	6 900
	种子费	1 050			
	翻地、耙地、播种费	1 125			
	肥料费	1 050			
	收割打捆费	1 500			
	水电费	600			
	人工费	2 100			
	病虫害防治	375			
肥水较差的土地，管理投入较高，产量一般，干草质量较好	租地费	4 800	6 000	2 300	4 125
	种子费	1 050			
	耙地、播种费	1 125			
	肥料费	1 500			
	收割打捆费	1 500			
	水电费	675			
	人工费	2 100			
	病虫害防治	375			

六、应用案例

以内蒙古正时生态农业（集团）有限公司为例，青贮玉米亩产3.5t，销售单价670元/t，成本1 591.5元/亩，利润754元/亩。公司生产青贮玉米主要供给各大牧场，平均干物质 34％，淀粉 31％。公司所供青贮玉米质量稳定，指标均一性好，受到了客户的认可。

七、引用标准

1. DB15/T 410—2019　青贮玉米栽培技术规程
2. GB 6142—2008　禾本科牧草种子质量分级
3. GB/T 2930.6—2017　草种子检验规程健康测定
4. GB/T 25882—2010　青贮玉米品质分级
5. NY/T 2696—2015　饲草青贮技术规程　玉米
6. NY/T 2088—2011　青贮玉米收获机　作业质量

起草人：格根图、赵牧其尔、王志军

第五节
科尔沁沙地饲用燕麦生产技术

燕麦（*Avena sativa* L.）又称皮燕麦，起源于地中海沿岸，分布于世界五大洲，集中种植于亚洲、欧洲、北美洲的高纬度地区，是世界七大栽培作物之一，具有适应性强、营养价值高、耐盐碱等优良特性，是牧区和农牧交错区广泛种植的一年生草料兼用作物。据统计，截至 2016 年，世界燕麦年播种面积约 1 200 万 hm²，中国年种植面积约为 20 万 hm²，在我国华北、西北及西南等地区均有分布，且主要以燕麦青（干）草、青贮燕麦和燕麦籽实等方式被家畜利用。

近年来，随着国家生态治理、草原保护等方面的政策的推行及畜牧业的迅速发展，饲用燕麦迎来前所未有的发展机遇，在农业尤其是畜牧业中发挥的作用越来越重要。随着我国养殖业的快速发展、天然草地的退化，以及我国"草牧业""粮改饲""草田轮作"等农业供给侧结构性改革的推进，燕麦饲草的需求量在不断扩大。虽然我国燕麦饲草种植面积逐年增加，但在国内市场燕麦仍处于供不应求的状态。目前我国燕麦草进口量呈增加态势，进口量从 2008 年的 0.15 万 t 增加到了 2017 年的 31 万 t，燕麦草需求仍处高位，存在较大供应缺口，特别是在 2016 年农业部提出的《关于北方农牧交错带农业结构调整的指导意见》中，提出要扩大燕麦草等优质牧草种植面积，建设一批专业化优质饲草料生产基地，这些产业政策为饲用燕麦的快速发展提供了良好的发展机遇。所以研究如何提高国产燕麦饲草产量并改善其饲用品质的栽培管理技术，对于促进我国燕麦饲草产业健康持续发展具有重要意义。

阿鲁科尔沁旗（以下简称阿旗）位于内蒙古赤峰市东北部，属科尔沁沙地生态功能区，草产业是该地区沙地草业发展的一大特色。2006 年开始，以沙地节水灌溉紫花苜蓿种植为主的草产业发展迅猛。截至 2017

年，阿旗灌溉优质牧草种植面积达到 110 万亩，其中有效节水灌溉种植面积约 60 万亩，已成为国内著名优质苜蓿和燕麦商品草生产基地之一。不过，随着苜蓿生长年限的增加，苜蓿草地密度逐渐降低、产量严重下降，面临着轮作倒茬问题。目前燕麦是苜蓿轮作倒茬的首选牧草，种植面积近 30 万亩，在阿旗乃至科尔沁沙地草产业发展中占据举足轻重的地位，阿旗饲用燕麦的生产实现了规模化、集约化、水肥一体化、机械化、草产品商品化。为此，针对这一地区饲用燕麦的品种选择、播种技术、田间管理技术、收获技术、干草调制技术、青贮技术等生产技术加以归纳总结，为该地区饲用燕麦产业发展提供技术支撑。

一、适用范围

该技术适用于内蒙古科尔沁沙地地区饲用燕麦生产。

二、技术流程

科尔沁沙地饲用燕麦生产技术包括品种选择、整地、播种、田间管理、刈割、干草调制、青贮等，技术流程如图 1-5。

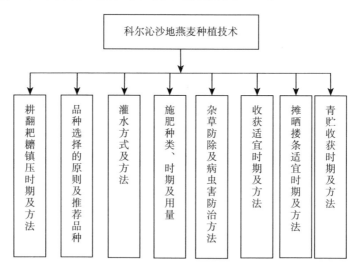

图 1-5 科尔沁沙地燕麦种植技术流程图

三、技术内容

（一）品种选择

1. 选择原则

燕麦有皮燕麦和裸燕麦两种，饲用燕麦主要为皮燕麦，品种来源有进口品种和国产品种，根据生育时期又有早熟品种、中熟品种、晚熟品种。一般春季种植选择 7 月中旬适宜收获的燕麦品种，夏季种植则选择晚熟品种，春季对苜蓿进行保护播种则选择早熟燕麦品种。

2. 推荐品种

燕麦在科尔沁沙化草原区是一种优质的饲草品种。从适应性、干草产量和干草品质等指标综合评价，林纳、梦龙、甜燕 1 号、牧乐思、牧王、丹麦 444 和边锋可作为优质燕麦品种在科尔沁沙地推广种植。

（二）播种技术

1. 整地

春季采用免耕播种机播种方式，可不进行整地；夏季播种前要进行翻、耙、拖，要求翻匀、耙细、拖平；整地时间要尽量提前，以不误农时。

2. 播种

（1）播种时期　因燕麦属于耐寒长日照植物，喜冷凉气候。春季适宜播种期为 3 月 25 日至 4 月 15 日，夏季播种时期为 7 月 15 日至 8 月 5 日。

（2）种肥　结合播种，施用氮磷钾复合肥（15 - 15 - 15）250～300kg/hm^2；或施磷酸二铵 150kg/hm^2、硫酸钾 100kg/hm^2。

（3）播种方式　一是春季免耕机械播种，二是夏季先耕翻镇压，再机械播种。种子纯度和净度达到 98％以上，发芽率 85％以上。播种量为 140～160kg/hm^2，行距为 15～20cm，播种深度为 3～5cm，播种后及时镇压，播后均进行喷灌，要求做到不漏喷、不重喷、喷匀喷透。

（三）水肥管理

1. 灌水

在燕麦 3 叶期、5～6 叶期（时间在 3 叶期后 15d 左右）和开花期进行灌水；后期灌水可根据降雨情况，酌情增减灌水次数，防止土壤水分过大造成燕麦倒伏。

2. 施肥

如果3叶期燕麦叶色较淡，结合3叶期灌水，追施尿素75～120kg/hm^2；5～6叶期如果发现燕麦叶片色淡缺肥，可结合灌水追施尿素150～225kg/hm^2，孕穗期可结合灌水追施尿素75～120kg/hm^2。

3. 除草

在燕麦生长期间，尽量不用除草剂进行除草，如果必须使用，则在燕麦4～5叶期进行药剂除草，要严格控制剂量，防止穗分化受到抑制。例如，燕麦出苗前第一次用药，用72%异丙甲草胺2 000mL/hm^2，或33%二甲戊灵2 000mL/hm^2，任选一种或同时使用；第二次用药是在燕麦1～2个分蘖期间，用异丙甲草胺或二甲戊灵与48%苯达松混匀施用；防除双子叶杂草用2，4-二氯苯氧丁酸钠盐。

4. 病虫害防治

防治黏虫要在黏虫二龄期前进行药剂防治。

(四) 收获技术

1. 收获时期

在燕麦处于开花期至乳熟期时刈割，选择晴朗的天气，适时刈割青草，留茬高度5～10cm。

2. 收获机械

刈割机械设备选择破结压扁割草机。

(五) 干草调制技术

1. 摊晒

在原地将青草摊开暴晒，每隔数小时用摊晒机翻晒，水分降至30%～35%时用搂草机把草搂成垄，继续干燥，再经1～2d晾晒后，调制成含水量为15%左右的青绿色干草。

2. 打包

在傍晚采用大方捆打包机打包成捆，避开中午和凌晨。

（六）青贮技术

春播燕麦在 7 月进入乳熟期、蜡熟期，正值雨季，晾晒干草容易遭遇降水，导致品质剧降，可以进行燕麦青贮，且燕麦在不同生育时期的青贮，营养价值均优于青干草，但燕麦鲜草的草产量高峰与营养品质高峰不在同一时期，燕麦在抽穗期时有最高的鲜草产量和蛋白含量，此时青贮能够在保证鲜草产量的前提下，获得较高的青贮品质。抽穗期含水量过高，不利于青贮，会引起厌氧杂菌发酵造成营养物质大量流失，应该控制原料含水量在 55%～65%，较容易青贮，因此燕麦适宜青贮的时期为乳熟期接近蜡熟期。

四、操作要点

1. 整地

春季采用免耕播种技术，防止水土流失；夏季播种之前进行翻耕、耙糖、镇压整地，防治杂草。

2. 播种

春季播种宜早不宜晚，有利于春化处理，避开夏季干热风的影响。夏季播种则适当晚些，避开 7 月上旬的高温高湿，不利于幼苗健壮生长和生根。确保种植密度，播前播后镇压。

3. 灌水

采用指针式喷灌，见干见湿，防止倒伏。

4. 施肥

采用水肥一体化施肥、少量多次施肥原则，提高肥料利用率。

5. 收获

根据天气状况，掌握好适宜刈割的生育时期，提高饲用价值。刈割机械具有破结装置，提高晾晒速度。

6. 干草调制

勤翻晒，确保打包要求的水分含量。

7. 青贮

春茬燕麦，收获时正值 7 月雨季，根据天气情况可采用裹包青贮或青贮窖青贮方式，刈割后晾晒半天，青贮关键是切短、压实、密封。

五、效益分析

科尔沁沙地饲用燕麦一茬干草亩产量为 500kg 左右，价格 2 000 元/t，每亩投入 614 元（表 1-14），春茬每亩收益 386 元，夏茬每亩收益 346 元，每亩年收益 732 元。

表 1-14　科尔沁沙地燕麦生产投入表（夏茬）

序号	项目	亩用量	价格	每亩合计（元）
1	整地（耕翻耙耱镇压）	—	40 元/亩	40
2	播种	—	25 元/亩	25
3	燕麦	10kg	6 元/kg	60
4	底肥	15kg	2 600 元/t	39
5	追肥	30kg	尿素 2 500 元/t	75
6	除草剂	—	15 元/亩	15
7	防虫	—	10 元/亩	10
8	割搂晒打包	—	100 元/亩	100
9	浇水施肥雇工	—	60 元/亩	60
10	水电费	—	40 元/亩	40
11	土地租赁费	—	300 元/亩	150
	合计			614

六、应用案例

近五年，赤峰市阿鲁科尔沁旗岩峰草业有限公司每年轮作倒茬燕麦 200hm²，种植饲用燕麦品种主要有甜燕 1 号、科纳等，采用水肥一体化进行水肥管理，每亩投入 574 元（春茬），生产燕麦干草 500kg，按照 2 000 元/t 价格，则每亩收益 426 元，每年产值 127.8 万元。

起草人：张玉霞、王国君、王显国、刘庭玉、王振国

内蒙古高原饲用燕麦生产技术

随着《全国种植业结构调整规划（2016—2020年）》《国务院办公厅关于促进畜牧业高质量发展的意见》（国办发〔2020〕31号）等文件的相继出台，全国粮改饲试点范围已扩大到17个省区。青贮玉米、苜蓿和饲用燕麦等优质饲草料的种植规模及收贮量日益增加，理论上基本能够满足奶牛、肉牛和肉羊等规模养殖场对饲草料的需求。同时还培育了大批的饲草产业龙头企业、合作社和养殖大户等经营主体，优质饲草料规模化和商品化生产等技术有了显著提升。

燕麦（*Avena sativa* L.）作为禾本科燕麦属一年生粮饲兼用作物，具有抗旱、耐寒、耐贫瘠和适应性强等优点。同时还具有产量高、叶量丰富、适口性好和消化率高等特点，尤其茎叶中可消化纤维含量高于其他作物，通常被当作奶牛等草食动物的优质饲草之一。燕麦是长日照、喜冷凉植物，适于生长在气候凉爽及雨量充足的地区。在我国，燕麦主要分布在东北、西北、华北和青藏高原等地。

内蒙古高原位于我国北部的内蒙古自治区境内，是我国第二大高原。地理位置介于北纬40°20′—50°50′和东经106°—121°40′。地域主要包括锡林郭勒盟大部、呼伦贝尔市西部、乌兰察布市和巴彦淖尔市的北部及阴山以南的鄂尔多斯高原和贺兰山以西的阿拉善高原。内蒙古高原地势南高北低，北部形成由东向西的低地，海拔高度一般在1 000～1 500m。气候类型以温带大陆性季风气候为主，冬季严寒而漫长，风力较强，夏季气候凉爽且短促，降水多集中于6—8月。年日照时数在2 600～3 200h内，无霜期在80～150d，年均温度3～6℃，年降雨量介于150～400mm，夏季降雨量占全年总降雨量的60%以上。内蒙古高原地区草原和荒漠草原分布较为广泛，长期以来作为我国重要的牧场，对当地畜牧业的发展起到了重要作用，近年来随着放牧家畜数量的不断增加，草原的超载放牧导致畜草矛盾日益加深。境内的耕地主要用于生产小麦、玉米、大豆、马铃薯、莜麦和荞麦等。其中，大豆、水稻、马铃薯和莜麦在大兴安岭以南的部分地区，是旱作的主要优势作物。

近年来，我国畜牧业尤其是乳业的蓬勃发展，带动了饲用燕麦产业的发展。目前在内蒙古高原地带已逐渐形成马铃薯—饲用燕麦轮作生产模式。虽然目前我国燕麦干草和青贮草产品已进入商品化阶段，但生产供给能力和市场竞争潜力仍不足。据国家统计局统计，2020 年全年我国进口饲用燕麦草约 33.5 万 t，占干草进口量的 19.3%。此外，我国饲用燕麦生产相关配套技术、行业及地方标准仍然欠缺，一定程度上限制了饲用燕麦产业的专业化和规模化发展进程。

该技术模式涵盖了内蒙古高原饲用燕麦高效生产过程中涉及的品种选择、田间播种、收获、加工等全产业链生产技术，旨在为区域内饲用燕麦产业化生产提供技术保障，进而推动饲用燕麦国产化和商品化。

一、适用范围

该技术适用于内蒙古高原区域，包括乌兰察布市的商都县、凉城县、化德县、兴和县，内蒙古的阴山北麓地区、赤峰市燕山余脉，锡林浩特市、呼和浩特市与河北省张家口市坝上地区等。上述地区可根据当地气候条件和实际生产需要选择中熟和晚熟燕麦品种。进口品种推荐选择贝勒 2 号、牧乐思、海威等，国产品种推荐选择坝莜 3 号、蒙饲燕 1 号、蒙饲燕 2 号、坝燕 4 号、白燕 1 号和白燕 2 号等。

二、技术流程

该技术开展和实施之前需综合分析内蒙古高原不同地区气候条件及土地利用现状，选择便于集约化管理的适宜地块。通过机械翻耕、旋耕等一系列措施平整土地，为种子的良好生长创造有利条件。可于晚春或初夏进行播种，燕麦生长过程中应及时进行灌溉、田间除杂及病虫害的防控。当燕麦生长至开花期至乳熟早期时，根据天气情况及时收获，调制成燕麦干草或青贮（图1-6）。

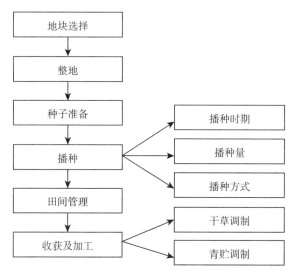

图1-6 饲用燕麦生产技术流程图

三、技术内容

（一）地块选择

饲用燕麦种植应选择在地势较为平坦、集中连片、排水良好的地块，土壤肥力适中甚至肥沃、土壤耕层深厚、土质疏松、肥沃的壤土或沙壤土，无除草剂及杀虫剂等农药残留，且周围生态环境条件良好、远离污染源、较为凉爽湿润的地区（有条件的地区可以配套灌溉设备）。前茬作物非燕麦，一般以马铃薯与饲用燕麦倒茬轮作。内蒙古燕麦产地详细环境参数，如气候条件、环境空气质量、灌溉水质量、土壤环境质量、土壤肥力要求等参照DB15/T 2292—2021执行。

（二）整地

可在播前或收获后精细化整地，通过机械对地表以下25cm左右土壤进行翻耕、耙耱平整，使得土壤松碎利于播种和出苗，在此过程中应及时清除土壤中各种杂物。有条件的每亩可施入10kg的磷酸二铵或1 000～

2 000kg 的有机肥作为基肥。之后使用机械进行镇压，作业技术规程参照 GB 10395.5—2013 执行（彩图 1 - 10）。

（三）种子准备

根据当地的生态环境条件和实际生产需求，选择适应性及抗逆性均较强，且具有高产、优质等特性的国家审定燕麦品种种植。选用的种子应符合 GB 6142—2008 规定的禾本科草种子质量二级标准以上。

（四）播种

1. 播种时期

北方燕麦可春播亦可夏播，早春土壤解冻 10cm 左右时，即可播种。春季一般为 4 月播种，能够实现抢墒播种。夏季适宜的播种时间为 5 月下旬至 6 月底，最迟不宜超过 7 月上旬，根据饲用燕麦生育期长短计算播种期，最好避开燕麦收获期间可能遭遇的强降雨天气。

2. 播种量

饲用燕麦适宜的播种量一般为 $120\sim180kg/hm^2$，可根据气候、土地实际情况和播种时期及种用价值相应调整播种量，内蒙古地区第二季或推迟播种，燕麦的播种量可适当加大至 $150\sim180kg/hm^2$，旱地的播种量可适当降低至 $150kg/hm^2$ 以下。

3. 播种方式

一般采用机械进行条播，播种行距为 $15\sim20cm$，播种深度为 $3\sim5cm$。播种时适当镇压，利于保墒和出苗（彩图 1 - 11）。

（五）田间管理

1. 杂草及病虫害防除

出苗后应及时做好杂草的防除，参照 DB15/T 1400—2018 中规定的技术措施执行。炭疽病、锈病、红叶病、叶斑病和蚜虫发生较为严重时，可选择相应的低毒、高效及无残留的农药进行防除。所有农药种类的选择、剂量和使用方法应严格按照 NY/T 1464.23—2007 中的有关规定执行。

2. 灌溉管理

有灌溉条件的地方，可根据土壤水分状况和天气情况及时浇水，一般当燕麦生长至分蘖期、拔节期和抽穗早期进行灌溉。

3. 追肥管理

一般当燕麦生长至分蘖期到拔节期，结合降雨天气或灌溉进行第一次追肥，追肥量可以根据目标产量、土壤肥力和肥料效应测算。

（六）收获

燕麦适宜的收获时期是开花期到乳熟早期，收获时应尽量选择在晴朗天气进行（彩图1-12）。可采用机械收获，留茬高度10cm左右。机械收获作业详细技术参照 NY/T 2461—2013，作业质量符合 NY/T 991—2020规定的标准。

（七）加工及贮藏

收获之后的燕麦可直接制成裹包青贮，详细技术规范参照 DB 22/T 3039—2019 或 DB34/T 3290—2018 执行。亦可收割后经田间晾晒，当含水量达到17%时，调制成圆形或方形干草捆，技术规范参照 NY/T 2850—2015 和 NY/T 1631—2008 执行。若因极端降雨天气致使燕麦干草含水量无法下降至17%时，可适当放宽打捆时的含水量，提高至20%～23%，并注意适度喷洒防霉剂和降低打捆密度，从而利于后期内部水分的散失及安全贮藏。有条件的地区，可建立相应的干草贮藏设施，参照 NY/T 1177—2006 执行（彩图1-13、彩图1-14）。

四、操作要点

1. 燕麦种植地块应尽量避开低洼及凸起，选择水热条件较好且地势平坦的地块，以利于机械化生产。

2. 饲用燕麦夏季播种时间最迟不宜超过7月上旬，因无霜期较短，推迟播种会缩短饲用燕麦生长期，最终影响产量、质量及经济效益。

3. 饲用燕麦进行干草调制时要避开秋季降雨。

五、效益分析

（一）经济效益

2021年，通过对10家大型饲草种植企业及合作社进行调查，结果表明，每亩燕麦地平均净收益可达570元（表1-15）。

表1-15 饲用燕麦草生产经济效益分析

| 公司序号 | 种植面积（亩） | 亩产量（kg） | 单位价格（元/kg） | 分项成本（元/亩） | | | | | | 总成本（元） | 纯收益（元/亩） |
				种子费	人工费	肥料费	水电费	机械费	其他费用（农药费、运输费）		
1	6 399	350	2	60	10	45		110		1 439 775	475
2	8 000	475	2.2	63	3	38		20	40	1 312 000	881
3	3 000	450	2	42	5	50		130		681 000	673
4	4 000	550	2	60	100	180	8	120	25	1 972 000	607
5	8 000	475	2.2	63	3	38	0	100	40	1 952 000	801
6	2 000	300	2	60	2	45		210		634 000	283
7	2 600	450	1.8	50	30	100	30	120		858 000	480
8	10 000	310	1.72	45	30	90		120		2 850 000	248.2
9	800	450	2	60	20	60		120	25	228 000	615
10	8 000	450	2	65	10	45	0	100	40	2 080 000	640
平均值	5 279.9	426	1.992	56.8	21.3	69.1	9.5	115	34	1 400 677.5	570.32

（二）生态效益

饲用燕麦生产可以有效解决冬春季节草食家畜饲草短缺问题，对草畜平衡和发展草地畜牧业具有重要意义。同时能够缓解天然草地放牧压力，更好地发挥草地生态系统的服务功能。

（三）社会效益

农牧交错带发展饲用燕麦和马铃薯轮作，既可以提高优质饲草供给能力，又可以提高农民经济效益，对乡村振兴具有重要的现实意义。

六、应用案例

内蒙古高原及河北坝上周边地区有近百家饲草企业，其中，河北君秋饲料有限公司和康保县红杉牧业有限公司等自 2017 年以来，陆续开展马铃薯与饲用燕麦轮作，种植饲用燕麦 30 余万亩，燕麦收获后主要调制成青干草，销售至内蒙古、河北、天津和安徽等地的大型乳业公司，取得了显著的经济效益。

七、引用标准

1. GB 6142—2008　禾本科草种子质量分级
2. DB34/T 3290—2018　燕麦青贮技术规程
3. DB15/T 1400—2018　燕麦田杂草防除技术规程
4. NY/T 1464.23—2007　农药田间药效试验准则
5. NY/T 2461—2013　牧草机械化收获作业技术规范
6. NY/T 2850—2015　割草压扁机质量评价技术规范
7. NY/T 1631—2008　方草捆打捆机　作业质量
8. NY/T 1177—2006　牧区干草贮藏设施建设技术规范
9. GB 10395.5—2013　农林机械安全　第 5 部分：驱动式耕作机械
10. NY/T 991—2020　牧草收获机械　作业质量
11. DB22/T 3039—2019　饲用燕麦青贮技术规程

起草人：刘贵河、薛祝林

祁连山区雨养饲草燕麦栽培技术

祁连山自浅山至深山，海拔逐渐升高，气温递减，雨量递增。冬季寒冷漫长，夏季短暂或无；冬春干旱少雨，降水集中于夏秋。海拔2 300m以上的中、高山带，气候冷凉，适合燕麦生长。祁连山饲草燕麦水溶性碳水化合物含量高、嚼之甘甜，与进口澳大利亚饲草燕麦颇为相似。祁连山雨养饲草燕麦种植面积已达4万hm²，而且仍然具有较大发展潜力。祁连山雨养饲草燕麦生产存在如下突出问题：①品种选用不当。许多生产者品种选用不当，导致单产较低、质量不高。②播种期选择不当。许多生产者在开春地温合适后就播种。在春旱较重、旱期较长的地方，早播燕麦春旱阶段生长十分缓慢；进入雨季不久，因积温满足了需要，在植株较矮时便开始抽穗，导致饲草单产很低。一些地方早播还会导致燕麦适宜刈割期遭逢雨季，不利于收获。③盲目施肥。施肥不测土，凭经验、看邻居、听肥料经销商，颇为盲目。施肥种类和数量皆存在问题，不足和浪费并存，导致肥料投入可能很高，但饲草产量并不理想。④刈割留茬偏低。燕麦茎秆基部木质化程度较高，消化率很低，留茬过低会降低饲草质量，还会造成饲草较易接触和混入泥土、霉菌感染、不利于干燥等问题。针对祁连山雨养饲草燕麦生产存在的突出问题，研究总结了祁连山区雨养饲草燕麦生产技术。

一、适用范围

该技术适用于青海和甘肃两省的祁连山区雨养饲草燕麦生产。

二、技术流程

技术流程见图1-7。

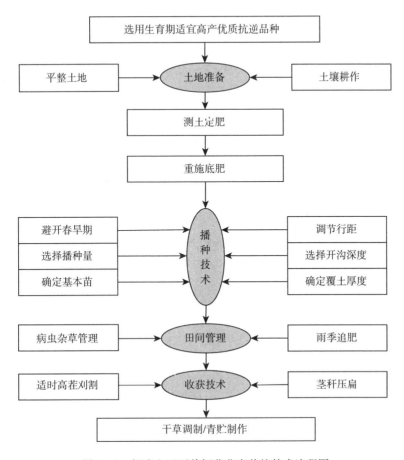

图 1-7　祁连山区雨养饲草燕麦栽培技术流程图

三、技术内容

(一) 品种选择

生育期、单产、质量和抗逆性是饲草燕麦品种选择的最重要指标。生育期对饲草燕麦的产量影响极大。生育期应该适于种植区域的种植制度，与提供给饲草燕麦的适宜生长期相适应。极早熟型、早熟型、中熟型、晚熟型和极晚熟型的生育期依次为≤85d、86～100d、101～115d、116～130d和≥131d。生育期长短在很大程度上取决于积温，因而与气候特征关系密切。同一品种在冷凉区域或冷凉季节的生育期明显变长。一般而言，纬度降低，生育期缩短；海拔升高，生育期增长。祁连山区海拔高度差别巨大，同一品种在不同地点的生育期显著不同。

高产是饲草生产的核心追求之一。饲草燕麦产量高低，不仅受生育期影响极大，而且与气候、土壤等自然条件和栽培技术模式等人为因素密切相关。祁连山区海拔高度和地形特征对光照时间、强度和性质，气温和昼夜温差，降水及其季节分布，土壤性质等影响巨大，同一品种在不同地点的单产表现存在显著差异。因此，品种选用应该以多年试种结果为根本依据。质量是饲草生产的又一核心追求，原因在于饲草生产的真正目标是可消化营养物质的产量。因此，应该选用不仅单产高，而且营养物质含量和消化率皆高的品种。在单产相近的情形下，应优先选用饲草专用品种，其次为粮草兼用品种，不要选用粮食专用品种。抗倒伏、抗病虫等抗逆性对祁连山区饲草燕麦生产亦很重要，品种选用时应予以考虑。

适宜祁连山区的优秀饲草燕麦品种包括：青海省畜牧兽医科学院草原研究所选育的青海甜、青海444、青引1号、青引2号、青燕1号、白燕7号；甘肃农业大学选育的陇燕3号、陇燕5号；北京正道种业引进推广的黑玫克（牧王）、福瑞至（燕王）；克劳沃草业引进推广的牧乐思、海威；佰青源畜牧引进推广的甜燕1号、福燕1号；百斯特草业引进推广的悍马、梦龙。

（二）土地准备

1. 平整土地

土地不平会造成很多危害，如镇压松紧不一致，播种深浅不一致，割茬高低不一致，水分多少不一致，岗处水分不足，洼处积水烂根，岗处风蚀根颈裸露，洼处土埋妨碍出苗，加大机械损伤风险，降低田间作业效率等。因此，应按照规划设计努力做好土地平整工作，平整度偏差不宜超过±5cm。

2. 土壤耕作

深翻土地25～40cm。细耙土壤，直径≥3cm土块每平方米不超过10个。耱平地面，平整度偏差不超过±3cm。压实表土，成年人行走其上，鞋印下陷深度在0.5～1cm。

（三）测土施肥

应该依据土壤测试数据，确定施用肥料的种类和用量。祁连山区饲草燕麦测土推荐施肥系统如表1-16至表1-20所示。

表1-16 中国燕麦土壤有机质丰缺指标和有机肥适宜施用量

丰缺级别	极缺	缺乏	中等	丰富
有机质含量（g/kg）	<5	5~10	10~15	≥15
有机肥施用量（t/hm²）	75~150	30~75	15~30	0~15

表1-17 中国农牧交错带饲草燕麦土壤氮素丰缺指标和

适宜施氮量［N，kg/(hm²·年)］

级别		8	7	6	5	4	3	2	1
缺氮处理相对产量（%）		<40	40~50	50~60	60~70	70~80	80~90	90~100	≥100
碱解氮（mg/kg）		<25	25~40	40~70	70~110	110~160	160~220	220~300	≥300
全氮（g/kg）		<0.5	0.5~0.7	0.7~1.0	1.0~1.5	1.5~2.0	2.0~2.5	2.5~3.5	≥3.5
目标产量（t/hm²）	4.5	≥126	108	90	72	54	36	18	0
	6.0	≥168	144	120	96	72	48	24	0
	7.5	≥210	180	150	120	90	60	30	0
	9.0	≥252	216	180	144	108	72	36	0
	10.5	≥294	252	210	168	126	84	42	0
	12.0	≥336	288	240	192	144	96	48	0
	13.5	≥378	324	270	216	162	108	54	0
	15.0	≥420	360	300	240	180	120	60	0

表1-18 中国农牧交错带饲草燕麦土壤有效磷丰缺指标和

适宜施磷量［P₂O₅，kg/(hm²·年)］

级别	8	7	6	5	4	3	2	1
缺磷处理相对产量（%）	<40	40~50	50~60	60~70	70~80	80~90	90~100	≥100

（续）

级别		8	7	6	5	4	3	2	1
土壤有效磷含量 （Olsen-P, mg/kg）		<2.0	2.0~3.5	3.5~5.5	5.5~9	9~16	16~27	27~45	≥45
目标产量 （t/hm²）	4.5	≥79	68	56	45	34	23	11	0
	6.0	≥105	90	75	60	45	30	15	0
	7.5	≥131	113	94	75	56	38	19	0
	9.0	≥158	135	113	90	68	45	23	0
	10.5	≥184	158	131	105	79	53	26	0
	12.0	≥210	180	150	120	90	60	30	0
	13.5	≥236	203	169	135	101	68	34	0
	15.0	≥263	225	188	150	113	75	38	0

表 1-19　中国农牧交错带饲草燕麦土壤速效钾丰缺指标和

适宜施钾量 $[K_2O, kg/(hm^2 \cdot 年)]$

丰缺级别		5	4	3	2	1
缺钾处理相对产量（%）		<70	70~80	80~90	90~100	≥100
土壤速效钾含量 （NH₄OAc-K, mg/kg）		<30	30~50	50~80	80~150	≥150
目标产量 （t/hm²）	4.5	≥58	43	29	14	0
	6.0	≥77	58	38	19	0
	7.5	≥96	72	48	24	0
	9.0	≥115	86	58	29	0
	10.5	≥134	101	67	34	0
	12.0	≥154	115	77	38	0
	13.5	≥173	130	86	43	0
	15.0	≥192	144	96	48	0

表 1-20　中国燕麦土壤微量元素丰缺临界值及适宜施肥量

元素	测定方法	临界值（mg/kg）	肥料	4 年总计施肥量（kg/hm²）
硼	沸水	1.0	硼砂	7~15
锌	DTPA	1.0	七水硫酸锌	15~30

（续）

元素	测定方法	临界值（mg/kg）	肥料	4 年总计施肥量（kg/hm²）
铁	DTPA	4.5	硫酸亚铁	30～60
锰	DTPA	3.0	硫酸锰	15～30
铜	DTPA	0.2	硫酸铜	7～30
钼	草酸＋草酸铵 pH3.3	0.15	钼酸铵	0.5～1.0

（四）重施底肥

祁连山区雨养燕麦应重施底肥。磷肥和微量元素肥料应结合土壤耕作基施和结合播种以种肥的形式施用，效果好，成本低。钾肥亦可完全作为底肥和种肥施入土壤。氮肥至少三分之一应以底肥和种肥的形式施用。

（五）播种技术

1. 避开春旱期播种

祁连山区海拔高度和坡向坡位对热量、降水、土壤水分及其季节分布等影响巨大，不同地点的适宜播种期差别十分明显。春旱较重、旱期较长地点，应避开春旱期，于雨季来临前后播种，以免在燕麦植株尚很低矮时，因积温满足需要而抽穗，导致饲草大幅度减产；同时避免燕麦适宜收获期遭逢雨季，影响收获。

2. 选择播种量

播种量范围在 120～360kg/hm²。千粒重越重、分蘖能力越弱，水分条件越好、海拔越高，播种量应越大；反之，则应越小。

3. 确定基本苗

基本苗 200～700 株/m²。分蘖能力越弱、水分条件越好、海拔越高，基本苗应越多；反之，则应越少。

4. 调节行距

行距 10～20cm。水分条件越差，行距应越宽；反之，则应越窄。

5. 选择开沟深度

普通条播 2～5cm 深。深沟播种 5～10cm 深。水分条件较差时，深沟播种有利于燕麦出苗和抗旱。

6. 确定覆土厚度

覆土厚度2~5cm。水分条件越差，覆土应越厚；反之，则应越薄。

7. 镇压

播种前后皆需镇压。

（六）田间管理

1. 病虫杂草管理

勤观察，必要时及时采取应对措施。

2. 雨季追肥

对于氮肥，追施和基施相结合，颇为必要。

（七）收获技术

1. 适时刈割

抽穗至灌浆期刈割（彩图1-15）。

2. 高茬刈割

留茬高度5~15cm。建议高茬刈割，留茬高度10~15cm。株高越高、刈割越晚，留茬高度应越高；反之，则应越低。

3. 茎秆压扁

选用具有茎秆压扁功能的割草机。

四、操作要点

选择生育期适宜的高产优质抗逆品种；测土定肥；重施底肥；避开春旱期播种；依据千粒重、分蘖能力、水分条件、海拔高度选择播种量；依据分蘖能力、水分条件、海拔高度确定基本苗；依据水分条件选择行距；依据水分条件确定开沟深度和覆土厚度；雨季追肥；适时高茬刈割。

五、效益分析

（一）经济效益

应用祁连山区雨养饲草燕麦生产技术，饲草燕麦单产提高30%以上，质量提高0.5~1级，经济效益显著提高50%以上。

以甘肃张掖山丹军马场某公司为例，当地饲草燕麦生产的成本包括租地费 800 元/亩，种子费 120 元/亩，耕作费 30 元/亩，播种费 10 元/亩，肥料费 80 元/亩，植保费 30 元/亩，收割、搂草、打捆费 80 元/亩，装车、转运、入库 40 元/亩，合计 1 190 元/亩；干草亩产 750kg，单价 2 300 元/t，收入 1 725 元/亩；纯利润 535 元/亩。

十余年前，山丹军马场的主导作物为青稞、大麦和油菜。时至今日，由于饲草燕麦经济效益相对较高，上述三大作物已经很少种植。

（二）社会效益

一方面，当地农牧民的经济收入水平大幅度提高。以山丹军马场为例，在开展饲草燕麦生产之前，当地耕地租金不足 100 元/亩；主打饲草燕麦生产之后，耕地租金迅速升至 500～1 000 元/亩；职工收入平均提高 6～8 倍。

另一方面，祁连山区雨养饲草燕麦生产的规模、产量、质量和效益明显提高，有力地促进了当地草食畜牧业发展，进一步助力农牧民脱贫致富；同时草食家畜产品产量大幅度增加，亦对保障国家食物安全贡献了一份力量。

（三）生态效益

提高留茬高度，有效地减轻了土壤风蚀和水蚀，不仅利于耕地保护，同时生态效益明显。

六、应用案例

甘肃张掖山丹军马场应用祁连山区雨养饲草燕麦生产技术，成效十分显著。十余年来，饲草燕麦迅速取代了原来的主导作物——青稞、大麦和油菜，生产规模从几千亩发展到 30 万亩，单产水平提高 50%～100%，质量提高一级，经济效益提高 2 倍以上。

2021 年，某公司在山丹军马场种植饲草燕麦 3 万亩，投入约 3 600 万元，生产一级燕麦干草约 2.25 万 t，收入约 5 100 万元，净利润约 1 500 万元，同时带动当地农牧民增加收入约 2 000 万元。

起草人：孙洪仁、蒋新、杜雪燕

多花黑麦草生产技术

多花黑麦草（*Lolium perenne* L.）富含蛋白质、矿物质、维生素，可消化物质产量高，且叶多质嫩、适口性好、生长快、分蘖多，是全世界种植面积较为广泛的优质冷季型牧草，是以荷兰和新西兰为代表的国家奶牛养殖选用的主要饲草品种。多花黑麦草在我国南方地区粮草轮作、种草养畜、废水净化等方面发挥着极其重要的作用，尤其是稻-黑麦草-奶牛模式，已经成为黑麦草养畜子系统中应用最广泛、发展最成熟的模式。但是由于南方地区饲草种植面积有限，无法实现规模化及产业化生产，同时我国牛奶的主产地主要分布在内蒙古、河北、黑龙江等北方地区。草畜分离的实际问题导致在国外奶牛养殖先进国家广泛采用的黑麦草，在我国奶牛养殖业高质量发展过程中尚未发挥出应有的作用，贡献率远低于青贮玉米、苜蓿和燕麦三大饲草。据《荷斯坦杂志》报道，2021年主要饲料价格涨幅高达30%；青贮收获季，价涨抢收成常态，平均涨幅20%；苜蓿和燕麦草无论国产还是进口，价格直逼历史高位。在2021年中国奶业20强峰会上提出的我国奶牛养殖业发展建议分析的第一条指出，大力发展优质饲草业，降低奶牛养殖饲料成本。面对当下的牛场发展存在的问题及行业专家的建议，喜冷凉、可速生的一年生多花黑麦草有可能成为北方牧草新动能。

2017年以来，在内蒙古自治区的乌兰察布市、赤峰市、鄂尔多斯市、巴彦淖尔市等地的农牧交错区通过黑麦草-马铃薯、黑麦草-甜菜和黑麦草-玉米等草田轮作模式，探索了在北方地区规模化种植多花黑麦草、调制青贮饲料生产模式，促进了饲草品种多元化，解决了地方饲草短缺问题，助力草牧业高质量发展，保障了畜牧业及奶业稳定发展。

一、适用范围

多花黑麦草喜温暖潮湿的气候，宜于夏季凉爽、冬季不太寒冷地区生长，27℃以下为生长适宜温度，在 10℃ 左右能较好生长，但是高于 35℃则分蘖停止或生长不良。耐盐碱，适宜在壤土或黏土上种植。适宜在我国大部分北方农牧交错带有灌溉条件下的地区春播种植，主要种植品种为海克里斯、马克西姆、特高。

二、技术流程

技术流程见图 1-8。

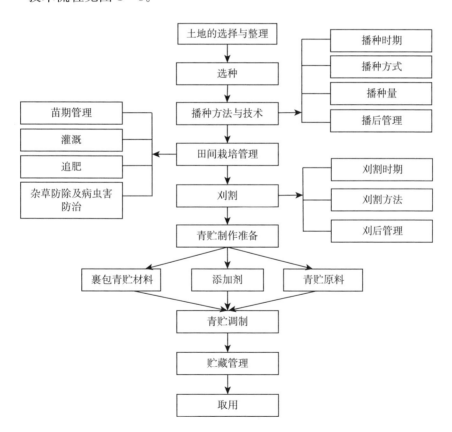

图 1-8　多花黑麦草生产技术路线图

三、技术内容

（一）土地的选择与整理

1. 环境条件

温暖潮湿，无霜期较长。

2. 地块选择

具有良好的浇灌能力的平整土地。

3. 土壤选择

壤土或黏土。

4. 播地处理

（1）除杂　用机器去除杂草、土块、碎石等。

（2）整地　在整地时要结合精耕细作原则，保证畦面平整、无碎石土块。

5. 基肥

在播种前要施足底肥，每亩施 1 000～1 500kg 农家肥或 40～50kg 钙镁磷肥。

（二）选种

1. 品种选择

马克西姆、海克里斯、特高。

2. 种子质量

应选用符合 GB 6142 规定的二级以上（含二级）的种子（表 1-21）。

表 1-21　种子质量

净度	发芽率	种子用价	水分	其他植物种子数
≥95.0%	≥85%	≥80.7%	≤12.0%	≤500 粒/kg

（三）播种方法与技术

1. 播种时期

赤峰地区 4 月中旬播种，巴彦淖尔市和鄂尔多斯市 4 月初播种。

2. 播种方式

采取条播交叉播种，行距 12.5cm，播种深度 3～5cm，播种后细土覆盖。

3. 播种量

播种量为 37.5kg/hm²，盐碱地、撂荒地可适当增加播量。

4. 播后管理

定时观看长势情况，注意田间杂草情况。

(四) 田间栽培管理

1. 苗期管理

苗后除杂草应在杂草出现时喷除草剂，可用 72% 的 2，4 -滴丁酯乳油 900mL/hm² 或 75% 的苯磺隆干悬浮剂 15～30g/hm² 于无风、无雨、无露水的天气喷施。农药种类的选择应严格按照农药管理的有关规定执行。

2. 灌溉

北方的大部分地区都比较干旱，所以在北方地区种植黑麦草需要少量多次进行灌溉，利用圆形喷灌机在 40% 的旋转速度（一圈 36h）的出水量进行灌溉，遇到炎热天气则需要将速度调至 100%（一圈约 14h）进行快速灌溉，以帮助植物有效降温。灌溉水质标准应符合 GB 5084 的规定。

3. 追肥

氮肥在促进黑麦草生长方面具有较大优势，因此在每次刈割后，应及时补充施加氮肥，每次每亩施加尿素 6～8kg。施肥应符合 NY/T 496 的规定。

4. 杂草防除及病虫害防治

若田间杂草生长较为严重，可在二茬刈割后通过喷施除草剂进行除杂草。农药使用应符合 GB/T 8321 的规定。

(五) 刈割

1. 刈割时期

刈割时期为孕穗后期至抽穗前期。

2. 刈割方法

刈割留茬高度为 8~10cm。第一茬播后 60d 刈割，第二茬、第三茬刈割间隔 30d，三茬刈割后 45d 刈割第四茬（彩图 1-16）。

3. 刈后管理

及时补水补肥，先补水后补肥。

（六）裹包青贮材料准备

1. 材料选用

将黑麦草刈割后置于田间晾晒（晴天条件下），含水量降至 60%~65%进行搂草。

2. 添加剂

（1）选择常用商用乳酸菌添加剂。

（2）添加剂量 5g/t。

（3）添加方式是在切碎或打捆过程中喷施。

（七）青贮料准备

1. 收获时间

孕穗后期至抽穗前期，可根据天气状况适当调整收获时间以避开雨天。

2. 调节原料含水量

（1）晾晒　在田间晾晒调节含水量至 60%~65%。

（2）搂草　将晾晒后的牧草使用转子式搂草机集成草条（彩图 1-17）。

（八）裹包青贮制作

1. 捡拾切割

根据天气情况，在干物质达到 30%~35%时，使用青贮机进行捡拾切割（彩图 1-18）。

2. 加添加剂

在捡拾切割过程中，使用青贮机在出料口均匀喷洒菌剂。

3. 原料运输

将调制好的青贮料运输到加工区域进行裹包青贮。

4. 裹包

（1）裹包层数　固定包型 4 层左右，封闭包 10 层左右，根据裹包膜厚度适当调整（彩图 1－19）。

（2）裹包重量　裹包密度为 500kg/m³，每包重 800kg 左右。

（九）贮藏管理

堆放在平地，最好是贮草棚或贮草仓，避免雨淋日晒及老鼠撕咬。

（十）取用

发酵时间在 30d 左右即可取用，根据裹包重量，500kg 以上适当延长发酵时间。按需取用，避免浪费。

四、操作要点

1. 在规模化种植生产实际中，若以高产为收获目标，则应注重前三茬黑麦草的田间管理工作；若以粗蛋白质含量为收获目标，为家畜提供优质饲草，则可选择第一茬次的高蛋白饲草。

2. 采用捡拾、切碎、打捆、裹包一体机进行捡拾青贮；也可以采用捡拾切碎机将原料切碎后，转运至加工区，利用固定打捆裹包机裹包青贮。切碎或打捆过程中添加乳酸菌青贮添加剂（5g/t）。

3. 黑麦草喜温凉湿润气候，所以在北方地区种植需要该地区具备充足的灌溉条件，需要大量的水，高温时还需要不间断地进行灌溉。

4. 调制青贮过程中需要严格控制黑麦草青贮时的含水量，否则其质量不稳定，会导致奶牛产奶量下降；在北方地区应在含水量调至 65％时进行裹包，如气温炎热可以提高至 70％。

五、效益分析

（一）经济效益

以巴林右旗、乌审旗黑麦草生产为例，每公顷的成本效益计算如表 1－22 所示。

表 1 - 22　巴林右旗、乌审旗黑麦草生产效益分析（青贮）

项目	单位	巴林右旗	乌审旗
成本	元/hm²	17 462.5	20 727.5
租地费	元/hm²	5 250	9 000
种子费	元/hm²	450	450
耙地、播种费	元/hm²	600	600
肥料费	元/hm²	3 150	2 280
水电费	元/hm²	2 250	2 250
人工费	元/hm²	1 060	1 000
病虫害防治	元/hm²	120	120
收割费	元/hm²	1 080	1 080
拉运费	元/hm²	675	1 120
裹包费	元/hm²	2 730	2 730
铲车	元/hm²	97.5	97.5
产量	t/hm²	27	24
销售价格	元/t	1 050	1 050
收入	元/hm²	10 887.5	4 472.5

（二）生态效益

黑麦草为疏丛型，根系发达、须根密集，分布于 15cm 以上的土层中，黑麦草种植地多选用规模化种植的青贮玉米、紫花苜蓿及马铃薯等作物的倒茬地，其富含 N、P、K 等营养元素以及根际微生物，能有效地改善土壤的理化性质，提高地力，促进后茬作物生长，实现土地资源的可持续利用；若将最后一茬压青沤田，可增加土壤腐殖质含量，促使土壤团粒结构的形成和巩固，加强通透性，因此在土壤污染修复等方面也发挥着积极的作用。黑麦草叶量丰富，在植物进行光合作用时，能有效吸收更多的二氧化碳，释放更多的氧气，从而改善生态环境，提高空气质量。

（三）社会效益

根据黑麦草的经济效益分析，能为种草企业带来可观的经济收益，促进种草企业及农牧民的种植热情，带动社会就业，巩固脱贫攻坚成果；同时，用黑麦草青贮替代或部分替代奶牛日粮中的进口苜蓿，能有效降低奶牛养殖成本，从而提高牛场的经济效益，以此带动社会效益。

六、应用案例

正奇农牧业有限公司 2021 年在巴林右旗（7 000 亩）、乌审旗（5 000 亩）、磴口（500 亩）等地进行黑麦草规模化种植，共收获 4 茬黑麦草，每茬平均高度 45～50cm，青贮前含水量在 60%～65%；采用捡拾、切碎、打捆、裹包一体机进行捡拾青贮，也可以采用捡拾切碎机将原料切碎后，转运至加工区，利用固定打捆裹包机裹包青贮。打捆过程中添加乳酸菌青贮添加剂（5g/t），裹包密度为 500kg/m³，每包重 750kg 左右。实现了黑麦草在北方地区的规模化生产。

七、引用标准

1. GB 6142—2008　禾本科主要栽培牧草种子质量分级
2. GB 5084—2021　农田灌溉水质标准
3. NY/T 496—2022　肥料合理使用准则　通则
4. GB/T 8321　农药合理使用准则

起草人：格根图、付志慧、王志军

黑龙江西部紫花苜蓿高效生产技术模式

黑龙江省西部地区地处于中温带，位于东经 118°—126°，北纬 43°—48°，土壤肥沃，地势平坦，水源充沛，拥有得天独厚的黑土地资源优势，是发展紫花苜蓿产业的重要区域。近年来，紫花苜蓿种植面积不断增加，更加有利于积极推进粮改饲及种养结合模式试点，同步利用耕地种植全株青贮玉米和紫花苜蓿，优先满足区域内部饲草供求，促进全省紫花苜蓿产业持续、健康、稳定发展。随着农业现代化进程的不断推进，以及规模化养殖业发展的需要，种植紫花苜蓿为奶牛等草食动物提供优质饲草料得到相关部门的高度重视和广泛认可，但目前紫花苜蓿高效生产技术环节薄弱的问题已成为制约苜蓿产业化发展的主要限制因素之一。该技术从土地准备、播种、田间管理、收获等技术环节着手详细介绍了紫花苜蓿高效生产技术模式，该项技术推广将为进一步提高紫花苜蓿干草的产量和质量以及提升黑龙江省牧草生产科技水平奠定基础。

一、适用范围

适宜地区为黑龙江省西部地区。适宜品种有肇东苜蓿、龙牧 801、龙牧 803、龙牧 806。

二、技术流程

选择适宜的土地并采取相应的土壤耕作措施和方法；确定优质高效紫花苜蓿的适宜品种；以紫花苜蓿高产栽培技术为基础，合理施肥、灌溉和病虫草害综合防治；最后进行紫花苜蓿的收获及加工调制利用。具体流程见图 1-9。

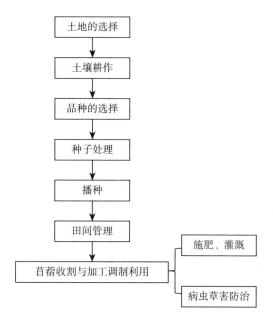

图 1-9 紫花苜蓿高效生产技术流程图

三、技术内容

（一）选地与整地技术

紫花苜蓿适宜在地势高燥、平坦、排水良好、土层深厚、中性或微碱性沙壤土或壤土中生长。紫花苜蓿可以在轻度盐碱地上种植，但土壤中盐分不超过 0.3%，pH<6.5 的酸性土壤不宜种植。播种前要精细整地，可彻底清除杂草。新开垦的荒地要先秋翻、深耙，根除杂草，春季再耙压，使耕地平整。整地质量与耕层土壤水分有密切关系，所以要适时掌握好耕地时的墒情，这样就能在耕后耙碎土块、整平地面，达到播种要求（彩图 1-20）。

（二）播种技术

1. 品种选择

选择适宜的良种十分重要。不同地区适宜不同的品种，如肇东苜蓿、龙牧 801、龙牧 803、龙牧 806、公农 1 号适宜在高寒地区种植。种子选择按照 GB 6141 执行。

2. 播种

（1）播种期 紫花苜蓿的播种期在黑龙江西部地区，一般可分春播、夏播两个时期。

（2）播种量 紫花苜蓿采草田播种量为 15～18kg/hm²，采种田播量为 5～8kg/hm²，计算实际播种量的公式如下。

$$播种量（kg/hm²）=\frac{种子用价100\%时播种量}{种子用价（\%）}$$

$$种子用价=种子发芽率（\%）×种子纯净度（\%）$$

（3）播种深度 紫花苜蓿播种深度以浅播为宜，宁浅勿深，通常播种深度以 1～3cm 为宜，播种后及时镇压。

（4）播种方法 紫花苜蓿播种方法主要有条播、撒播、穴播和混播（彩图 1-21）。

（三）田间管理技术

1. 施肥

紫花苜蓿幼苗期根瘤菌尚未形成前在较贫瘠的土壤中，施少量氮肥。对于多次刈割的高产苜蓿，尤其是在与禾本科牧草混播时，增施一定氮肥，可促进生长，增加产量；当紫花苜蓿叶形变小、颜色暗绿、叶片变厚时，表明已缺乏磷素，需立即追施磷肥；追施钾肥可减少植株病虫害的发生，提高苜蓿的抗倒伏性，提高氮的固定率，可增加苜蓿的干物质和蛋白质产量。同时苜蓿的生长还需要一定数量的硫肥、硼肥、钼肥。肥料使用按照 NY/T 496 执行（彩图 1-22）。

2. 灌溉

紫花苜蓿在生长发育过程中需大量的水分才能满足生长要求，紫花苜蓿适时浇水灌溉可提高其产量和越冬率。返青后，待紫花苜蓿返青株高达 8cm 时开始灌水，如土壤湿度良好，可不进行灌溉，灌溉定额 200～300m³/hm²。紫花苜蓿刈割后 6～8d 进行灌水，灌溉定额 400～500m³/hm²。越冬前，当夜间气温下降至 -6～-4℃时或日平均气温为 2～4℃时开始灌溉越冬水，灌溉定额为 $225\sim375\mathrm{m}^3/\mathrm{hm}^2$（彩图 1-23）。

3. 杂草防除

紫花苜蓿田的杂草防除方法有人工防除、机械防除和化学防除。化学除草按照 NY/T 1464.23 执行。农药使用按照 NY/T 1464.23 执行。

4. 病虫害防治

紫花苜蓿常见病害主要有褐斑病、锈病、霜霉病、白粉病等。虫害主要有叶象甲、夜蛾、苜蓿潜叶蝇、蚜虫、蓟马、草地螟和金针虫等。紫花苜蓿病虫害防治措施如下。

（1）农业防治 选育抗病虫的品种、提高作物自身的抗病虫能力；采用合理的耕作措施，创造不利于病虫害发生的环境，如合理轮作、合理密植、中耕除草以及合理耕翻、浇水及灭茬等，都可减少病虫害的发生。

（2）物理、机械防治 利用害虫的趋光性和趋化性以及某些特殊的习性，使用诱杀装置。机械防治则包括用人工或采用适当工具，以捕杀或消灭害虫，如利用黑光灯、高压泵灯等诱杀蛾虫、蝼蛄。

（3）生物防治 利用有益生物或生物代谢产物来防治病虫害。如天敌昆虫防治害虫、蜘蛛治虫、以鸟治虫以及其他脊椎动物、病原微生物、昆虫激素防治害虫等。

（4）化学防治 包括药剂拌种、毒饵诱杀、喷雾防治等。随着化学工业的发展，一些高效、低毒、低残留的农药不断被研制出来，化学防治将作为病虫害综合防治中一种重要的措施不断发展和进步。

（四）收获技术

1. 刈割时期

紫花苜蓿在生长发育过程中，其营养物质不断变化。处于不同生育期的紫花苜蓿，营养物质含量有很大差异（表 1-23）。随着生育期的推移，苜蓿粗蛋白质、胡萝卜素和必需氨基酸含量下降，而粗纤维含量上升；开花期刈割比孕蕾期刈割粗蛋白质含量减少 1/3～1/2，胡萝卜素减少 1/2～5/6。叶片的多少直接影响紫花苜蓿的质量，因此收获越晚，叶片越容易脱落，使茎叶比增大，在生产实践中一般紫花苜蓿的刈割期以现蕾期到初花期（开花10%）为宜，此时紫花苜蓿的营养价值较高。

表1-23 不同生育期紫花苜蓿营养成分的变化

生育期	干物质（%）	占干物质（%）				
		粗蛋白	粗脂肪	粗纤维	无氮浸出物	灰分
营养生长	18.0	26.1	4.5	17.2	42.2	10.0
花前	19.9	22.1	3.5	23.6	41.2	9.6
初花	22.5	20.5	3.1	25.8	41.3	9.3
盛花	25.3	18.2	3.6	28.5	41.5	8.2
花后	29.3	12.3	2.4	40.6	37.2	7.5

2. 刈割高度

大面积种植紫花苜蓿时采用割草机收割，留茬高度8~10cm。北方由于冬季天气寒冷，为防止紫花苜蓿受冻害，通常在最后一次收割时留茬10cm左右，提高紫花苜蓿的越冬率。

3. 刈割次数

一般来说，气候干旱寒冷地区，一年可刈割2~3次（彩图1-24）。紫花苜蓿的最后一次刈割应在入冬前25~30d，否则将影响紫花苜蓿越冬和返青。

四、操作要点

由于紫花苜蓿对土壤要求不高，适宜种植在pH 7~8的中性或微碱性土壤，以壤土、沙壤土和通气良好的黑土、黑钙土为好。播种前应精细整地，耕翻深度20~25cm为宜。

由于紫花苜蓿种子存在硬实现象，硬实率高的苜蓿种子可采取机械擦破种皮或变温浸种的办法进行硬实处理，提高种子发芽率。

由于紫花苜蓿种子小，顶土力弱，播种深度2cm为宜，播后及时镇压。

紫花苜蓿在现蕾后期至初花期收割。收割前关注气象预测，须5d内无降雨，以避免雨淋霉烂损失。最后一次刈割应在霜前30～45d，留茬7～9cm。晴好天气刈割、晾晒，每隔24h翻晒1～2次，晾晒2～3d，含水量在18%时，可在晚间或早晨进行打捆，以减少叶片的损失及破碎。

五、效益分析

（一）经济效益

紫花苜蓿是多年生豆科草本植物，生长年限长，一般可生长6～8年。根据地上部分的生物量进行测算，每年的干草产量可达9 000～12 000kg/hm²，按2.0元/kg计算，除去成本费用和人工费用10 375元/hm²，每年可净收益7 625～13 625元/hm²（表1-24）。

表1-24　紫花苜蓿种植成本与收益

成本与收益	收费项目	费用标准
成本费用	租地	6 000元/hm²（耕地＋草原）
	化肥	1 500元/hm²
	种子	175元/hm²（1 050元/hm²；按利用6年计算）
	农药	300元/hm²
	整地	250元/hm²（1 500元/hm²；翻、旋、耙；按利用6年计算）
	播种	50元/hm²（300元/hm²；按利用6年计算）
	收获	1 200元/hm²（收割、翻晒、运输）
人工费用	打药	225元/hm²
	施肥	150元/hm²
	灌溉	300元/hm²
	除草	225元/hm²
（成本费用＋人工费用）合计		10 375元/hm²
预测收益	平均产量	10 500kg/hm²
	单价	2.0元/kg
总收益合计		21 000元/hm²
净收益＝总收益－（成本＋人工）＝21 000－10 375＝10 625元/hm²		

（二）生态效益

紫花苜蓿可根瘤固氮，据相关资料统计，种植紫花苜蓿一年后，每亩地可利用根瘤固氮 7～41kg，0～30cm 土层中含磷量增加 17％，全部翻压还田相当于土壤中增加 400kg 有机质，增加 0.3％左右。土壤有机质增加可使土壤容重减小、孔隙度加大，增强了微生物活动，从而提高了土壤肥力，促进生态良性循环。

（三）社会效益

紫花苜蓿被称之为"牧草之王"，可促进养殖业的发展，对保护生态环境，防止土壤沙化和水土流失，改善农业结构，实现良性循环和农牧业可持续发展具有重要意义。总的来说，利用紫花苜蓿高效生产技术模式种植不仅可以改善生态环境，还可以增加农民的经济收入，提高土地利用率，在适宜地区具有广阔的推广价值。

六、应用案例

北大荒集团黑龙江绿色草原牧场位于黑龙江大庆市杜尔伯特蒙古族自治县境内，地处松嫩平原西部干旱牧区，是一个以种植业为基础，以畜牧业为支柱，农、林、牧、副全面发展的国有农垦企业，全场总面积 38 100hm²，其中天然草原面积 14 700hm²、耕地面积 7 300hm²，并且拥有固定资产投资 3.3 亿元，其中现有大型整地、播种、施肥、收获等牧草机械 26 台（套）。紫花苜蓿高效生产技术模式在松嫩平原绿色草原牧场的示范种植面积为 400hm²，苜蓿成活率 85％以上，干草产量 11 250kg/hm²，根据当前市场价 2.0 元/kg 计算，毛利润达到 22 500 元/hm²，总效益为 900 万元，除去成本投入 428 万元，每年可净收益 472 万元。

七、引用标准

1. GB 6141—2008　豆科草种子质量分级

2. GB/T 8321　农药合理使用准则

3. NY/T 496—2010　肥料合理使用准则　通则

4.NY/T 1464.23—2007　农药田间药效试验准则　第 23 部分：除草剂防治苜蓿田杂草

起草人：杨曌、王晓龙、徐艳霞、李莎莎、柴华

第十节

东北寒区一年两季饲草生产技术模式

东北寒区天然草原在长期过度放牧的情况下，草原快速退化，进而导致草原载畜量逐年下降。在生态环境不断被破坏的基础上，草原的生产能力不能维持畜牧业的持续发展，所以应建立相应的人工饲草基地，同时不断调整畜牧业产业结构，扩大饲草生产能力和供应渠道，使饲草料的供给能力能够获得较大提升。

近年来随着人工草地的建立，燕麦开始在东北寒区大量种植，已成为高寒牧区枯草季节的重要饲草来源。以东北寒冷干旱地区一年两季种植利用为切入点，开展饲用燕麦饲草最佳播种、收获、利用，配套的杂草防除、病虫害安全高效防治、最佳收获及加工等高产高效安全栽培关键技术集成示范。该项技术的示范推广满足适应寒冷地区饲草生产、解决高寒地区的草畜矛盾问题，极大地降低了企业的土地流转成本，提高了土地利用率。通过绿色种植，为养殖业提供营养安全的青贮饲料，降低了整个产业链成本，提高了养殖业整体竞争力。

一、适用范围

黑龙江省各地以及吉林省西部盐碱化程度较低的≥5℃积温达2 300℃的平原地区。

适宜品种：梦龙、小马、莫妮卡、白燕6号、白燕7号、白燕13。

二、技术流程

该技术针对东北地区高寒气候特点和土壤条件，采取早、深、多、细整地，测土配方施肥，达到上虚下实、土质优良的种植条件，科学选种，适时播种，及时收获，配合科学的田间管理，达到一年复种二季的种植模式（图 1-10）。

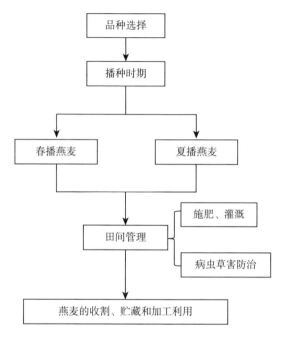

图 1-10　东北寒区一年两季饲草生产技术流程图

三、技术内容

（一）播前准备

1. 选种

选择适应性强且经审定推广的优质、高产、抗逆性强、抗病虫能力强的品种，第一季选择早熟燕麦品种，第二季选育晚熟燕麦品种。

2. 种子处理

播前要进行种子清选，充分晾晒，杀死种子表面的病菌，以提高种子活力和发芽率。用种子量 0.2% 的拌种双或多菌灵拌种，防止燕麦丝黑穗病、锈病等，地下害虫严重的地区也可用辛硫磷或呋喃丹拌种。

3. 整地

整地应做到早、深、多、细，形成松软细绵、上虚下实的土壤条件。

做到深耕、细耙、镇压。

4. 施基肥

可施农家肥 30t/hm² 或等效生物有机肥。提倡测土配方施肥，施肥量纯氮 75kg/hm²、五氧化二磷 90kg/hm²、氧化钾 37.5g/hm²，底肥、种肥分施。

（二）播种

1. 播种时期

早春土壤解冻 10cm 左右时即可播种。燕麦第一茬的适宜播期在 4 月初至 4 月末，最佳播期为清明前后，最迟不要超过谷雨，第二茬在 7 月上旬。根据降水情况，抢墒播种尤为关键，抓苗是旱地燕麦高产的一项主要措施。

2. 播种量

饲草生产田亩播量 17.5～22.5kg；种子田亩播量 12.5～17.5kg。

3. 播种方式

采用机械播种，条播行距 15～20cm，深度以 5～6cm 为宜，防止重播、漏播，下种要深浅一致、播种均匀，播后糖地使土壤和种子密切结合，防止漏风闪芽。

（三）田间管理

1. 杂草防除

出苗前若遇雨雪，要及时轻糖，破除板结。在整个生育期除草 2～3 次，3 叶期中耕松土除草，要早除、浅除，提高地温，减少水分蒸发，促进早扎根、快扎根、保全苗。拔节前进行 2 次除草，中后期要及时拔除杂草。可采用化学除草剂，在 3 叶期用 72% 的 2，4 -滴丁酯乳油 900mL/hm²，或用 75% 苯磺隆干悬浮剂 13.3～26.6g/hm²，选晴天、无风、无露水时均匀喷施。

2. 施肥和灌溉

抽穗期和扬花前用磷酸二氢钾 2.25kg/hm²，加尿素 5kg/hm²，加 50% 多福合剂 2kg/hm²，加水喷施。有灌水条件的地方，如遇春旱，于燕麦 3 叶期至分蘖期灌水 1 次，灌浆期灌水 1 次。苗期灌水时，加尿素 7.5kg/hm² 随水灌施。

3. 病虫害防治

燕麦抽穗成熟期是病虫害发生的盛期，常见的病虫害有丝黑穗病、锈病、红叶病及蚜虫、黏虫等。要把当前的防治效果与对自然生态系统的长远影响结合起来考虑，防治措施要做到安全无害（彩图 1 - 25）。使用农业措施、生物措施，综合运用各种防治措施，创造不利于病虫害滋生、有利于各类天敌繁衍的环境条件，保持生态系统的平衡及生物多样性，将各类病虫害控制在允许的经济阈值以下，将农药残留降低到规定的范围内。

（四）收获与贮藏

人工收获和机械收获在蜡熟后期进行，选无露水、晴朗天气进行。收获后及时脱离、晾晒，含水量达到 14％以下，可通过自然、人工先进方法进行干燥。在贮藏期间，贮藏温度控制在 15℃以下（彩图 1 - 26、彩图 1 - 27）。

四、操作要点

选择品种要不同熟期搭配，以获得最大效益。

在生产过程中，精细整地，适时播种，加强田间管理，适时收获，抓好收获质量。

五、效益分析

（一）经济效益

该技术实施采用边研究边示范推广的措施，联合各大牧场、企业、种植合作社等单位，推广该技术研究成果。一年一茬燕麦种植的干草产量为 8 000～9 000kg/hm²，按市场价 1.8 元/kg 计算，每公顷创收约 16 200 元，除去每公顷租地、种子、田间管理等各项费用约 12 000 元，每年纯效益 4 150 元/hm²；一年两茬干草产量累加达 13 000～15 000kg/hm²，按市场价 1.8 元/kg 计算，每公顷创收约 25 200 元，除去成本 18 000 元/hm²，每年纯效益 7 200 元/hm²，比一年一茬燕麦种植每公顷收益增加 3 050 元。该技术实施期间，在黑龙江省推广饲用燕麦一年两季复种技术，约累计推广饲用燕麦复种 1 000hm²，创效益 2 520 万元，累计纯效益 720 万元。种植户的收益增加，带动了当地农户种植饲用燕麦的积极性，同时大大缓解了黑龙江省饲草短缺的现状（表 1-25）。

表 1-25　一年一季和一年两季燕麦种植与收获成本分析表

项目	成本	一年一季	一年两季
租地（元/hm²）	6 000	6 000	6 000
种子（元/hm²）	1 350	1 350	2 700
整地（元/hm²）	500	500	1 000
播种（元/hm²）	300	300	600
杂草防除（元/hm²）	300	300	600
施肥（元/hm²）	750	750	1 500
灌溉（元/hm²）	450	450	900
病虫害防治（元/hm²）	600	600	1 200
人工＋机械费用（元/hm²）	1 800	1 800	3 500
年干草产量（kg/hm²）	—	9 000	14 000
总市场价（元/hm²）	—	16 200	25 200
净利润（元/hm²）	—	4 150	7 200

（二）社会效益

该技术的实施科学地开发利用传统耕作剩余的水、热、光、田及饲草资源，把资源转化为经济，提高了种植指数，具有投入少、见效快、效益高、时效长的优点。在饲草料需求上升的情况下，通过一年两季饲用燕麦的种植示范推广，有力促进黑龙江省农业结构调整和解决畜牧业饲草不足的问题，一年两季饲用燕麦技术具有广阔的市场前景。同时，一年两季饲用燕麦技术还为黑龙江省寒冷地区筛选出了优质早熟饲用燕麦品种，缓解了因品种缺乏而影响牧草产业和质量效益型畜牧业的发展。该技术的实施推广应用到生产中，显著提高了全省饲草产量和质量，大大推动了全省牧草产业的发展；增加了新的经济增长点，增加了农民收益，促进了畜牧业的大发展，社会效益显著。

（三）生态效益

随着黑龙江省养殖场的不断扩大，草地承载力面临巨大压力，一年两季燕麦种植技术实现了在等量土地上大幅提高产草量的目标，在退耕还林还草过程中起着重要作用。通过引入一年两季燕麦种植技术，大大提高了草地植被的覆盖率，延长了覆盖时间，有效减少了风沙对耕地的侵蚀，科学的耕作方式还可改善土壤结构，提高土壤肥力，对农业、牧业以及生态环境建设均起到重要的推动作用，促进粮、畜、草的良性循环，加快了农业生态建设。

六、应用案例

2018—2020 年，该项技术在齐齐哈尔克东县安盛农业公司进行了应用推广，该公司试种一年两茬燕麦，两茬燕麦效益分别为：一茬青贮产量 18 t/hm²、单价 750 元/t、收入 13 500 元/hm²；二茬青贮产量 15t/hm²、单价 750 元/t、收入 11 250 元/hm²。两茬效益合计 24 750 元/hm²，成本 18 000 元/hm²，每公顷利润 6 750 元。100hm² 效益合计约 67.5 万元。为了减少天气造成的损失，安盛农业公司收获的燕麦几乎全部用于青贮，尽管亩产效益略低于收获青干草，但一年两季燕麦的种植效益依然远高于一年一季燕麦种植（表 1-26）。

表 1-26　安盛农业公司燕麦种植与收获成本分析

项目	一年一季	一年两季
总收益（元/hm²）	15 000	24 750
总投入（元/hm²）	11 000	18 000
净利润（元/hm²）	4 000	6 750
增收（元/hm²）	—	2 750

随着飞鹤乳业的发展和壮大，克东县对饲草的需求不断上升，一年两季饲草燕麦的种植极大地缓解了当地饲草短缺的困境，不仅提高了种植效益，还能延长地表的植被覆盖时间，减少风沙对耕地的侵蚀。同时燕麦

还具有较强的耐沙化及盐碱化特性，能够在中低产田、退化耕地上种植，具有显著的经济效益及生态效益。一年两季燕麦种植技术的推广对当地农业结构调整、种养综合效益的提升以及产业的融合发展起到了较大的促进作用。一年两季燕麦种植壮大了优质饲草的供应链，为规模牧场提供安全、健康、营养丰富的饲草饲料，对当地乳业的快速发展起到了重要作用。

起草人：杨曌、李莎莎、徐艳霞、王晓龙、柴华

第二章

盐碱地旱地饲草生产技术模式

松嫩盐碱化草原混播生态修复技术

　　松嫩草甸草原是世界最为著名的天然草场之一，具有非常高的经济价值和生态意义，其盛产的羊草驰名中外，是我国北方重要的生态屏障之一。然而，在各种自然因素和人为干扰的共同作用下，松嫩草原的"三化"（退化、沙化和盐碱化）现象日益加剧，尤其是盐碱化更为突出，草地的生产、生态服务功能严重下降。目前，松嫩盐碱化草地改良过程中存在着如下问题：自然恢复需要较长的时间；物理措施工程量大，不但改良成本高，而且还有二次返碱的可能；化学方法成本高，存在潜在的环境污染问题，且效果不稳定；综合生物改良措施效果最好，经济有效，但缺乏有效的植物和先进的种植技术。该技术针对松嫩草原中度、重度盐碱化草地，以耐盐碱牧草/绿肥作物为核心，采用人工促进恢复模式，构建多物种混合的稳定植被群落，达到盐碱化草地生态修复目标。该项技术的实施，在2～3年内可使盐碱化草地的植被盖度达到70%以上，每公顷的生产力达到2 000kg以上，可有效恢复草地的生产、生态和生活功能。

一、适用范围

　　该技术适用于松嫩中度和重度盐碱化草原的改良，适用地区涵盖黑龙江省中西部、吉林省西部和内蒙古自治区东部的大部分旗、市、县。

二、技术流程

该技术针对松嫩平原中重度盐碱化草地，平整土地之后，浅耕翻或轻耙，达到地平土细、土壤紧实。施入基肥后将耐盐碱、耐寒的羊草、星星草、鹅冠草、披碱草等优良牧草种子混合，在 4 月下旬至 6 月下旬，采用免耕播种机播种于草地中。播种后 1～2d 内喷施 33％的二甲戊灵乳油防除杂草，构建稳定性、多样性和生产力均较高的混合群落。人工混合群落建植当年应用围栏封育，第二年后可放牧或刈割利用（图 2-1）。

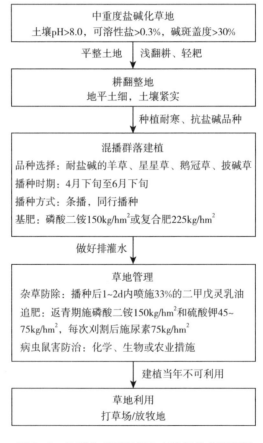

图 2-1　盐碱化草原混播生态修复技术流程图

三、技术内容

（一）牧草品种选择

选择耐寒、抗盐碱能力强的牧草，主要有羊草（碱草）、星星草（碱茅）、鹅冠草和披碱草。上述牧草品种的越冬率应大于95%，且在 pH 大于9.0的盐碱草甸土上能够正常生长。种子的质量应符合《禾本科主要栽培牧草种子质量分级标准》二级及以上要求。羊草品种可选择农菁系列（农菁4号、农菁11号）、吉生系列（吉生1～4号）、中科系列（中科1号、2号、5号、7号）、菁牧3号羊草、农牧1号羊草、东北羊草等；星星草主要以野生星星草为主；鹅冠草选用农菁3号鹅冠草；披碱草选用农菁16号、加拿大披碱草等。

农菁4号羊草：具有耐寒、耐旱和耐盐碱等抗逆性强的特性。平均干草产量达5 366.9kg/hm²，种子产量200.3kg/hm²左右。含粗蛋白含量11.89%，粗纤维含量36.02%，粗脂肪含量3.11%。

农菁11号羊草：平均干草产量7 275.2kg/hm²，种子产量300kg/hm²左右。粗蛋白含量为10.54%，粗脂肪含量为3.10%，粗纤维含量35.80%。抽穗率58.4%，结实率69.8%，发芽率44.3%。

菁牧3号羊草：平均干草产量7 060.0kg/hm²，种子产量277.5kg/hm²左右。含粗蛋白含量15.00%，粗纤维含量35.30%，粗脂肪含量3.8%。抽穗率41.5%，结实率53.0%。

吉生1号羊草：生育期98d。干草产量平均7 500kg/hm²，产籽量平均225kg/hm²。干草产量比野生羊草增产50%以上，产籽量增产65%左右。

吉生2号羊草：生育期99d。品质好，干草粗蛋白质含量9%～10%。分蘖力强，较耐涝。干草产量平均为8 250kg/hm²，种子产量平均180kg/hm²。适应性较强，产草量、产籽量、出苗率均比野生种提高50%以上。

吉生3号羊草：早熟，生育期95d。抗寒性比较强，适应区域较广。

干草产量 7 500kg/hm²，种子产量 150kg/hm²。品质较好，粗蛋白质含量 6%。

东北羊草：具有抗寒、抗旱、耐盐碱、耐践踏、耐瘠薄等优良特性。早春返青早，生长速度快，秋季枯黄晚，青草利用时间长。干草产量 6 000~8 000kg/hm²，种子产量 200kg/hm²。

农牧 1 号羊草：干草产量约 7 500kg/hm²；种子产量一般 300kg/hm²，最高可达 500kg/hm²。抗寒性强，较耐盐碱，不易感染锈病，无线虫病。

农菁 3 号鹅冠草：生育期 100d，适应性广，抗寒、抗旱、耐盐碱、耐涝。营养丰富、品质优良、适口性好、产量高。平均鲜草产量为 13 167.5kg/hm²。粗蛋白含量 16.08%~23.89%、粗纤维含量 29.40%、水分 75.65%。

农菁 16 号披碱草：抗寒，返青率 100%。生育期 117d。平均干草产量 7 910.0kg/hm²，粗蛋白质含量 19.34%，粗脂肪含量 2.32%，粗纤维含量 30.78%，中性洗涤纤维（干基）含量 70.94%。耐寒、抗旱、抗病。

（二）改良草地的确定

中度和重度盐碱化草原的判定应符合 GB/T 19377 的规定，即土壤 pH>8.0，可溶性盐>0.3%，碱斑盖度>30%，相对于未盐碱化草地总覆盖度和总产草量的减少率>30%。另外，还应选择地势平坦、排灌系统配套的草地。

（三）平整土地

采用推土机进行推、挖、填等，达到土地平整，无明显的高岗和洼地。

（四）耕翻整地

在春季采用圆盘耙等机械对中重度盐碱化草原进行轻耙。沿对角线耙地 2 次，耙深 10~14cm，不漏耙，不拖堆，相邻作业幅重耙量≤15cm，耙细耱平土壤，达到地平土细，每平方米耕层内土块外形最大尺寸≥6cm 的不得超过 5 个，沿播种垂直方向在 4m 宽的地面上，高低差≤3cm，地头横耕整齐。耙地后及时镇压 1 次，达到土壤紧实（彩图 2-1）。

（五）种子处理

羊草播种前可将种子在 5～10℃ 下低温浸种 10～20d 或 25～35℃ 温水中浸种 3d。鹅冠草种子需做去芒处理。其他品种的种子不用处理。

（六）播种

1. 播种时期

播种时期是 4 月下旬至 6 月下旬，以 5 月中旬至 6 月上旬雨季来临时为宜。

2. 混播比例及播种量

羊草、星星草、鹅冠草和披碱草的混播比例为 40%、20%、20% 和 20%（彩图 2-2）。每公顷播种量以 45kg 为宜，其中，羊草 18kg/hm²、星星草 9kg/hm²、鹅冠草 9kg/hm²、披碱草 9kg/hm²。盐碱较重的地块应加大播种量。

3. 播种方式

采用机械条播。行距 30cm，同时将 4 种牧草的种子播种于同一行，播种深度 2～3cm，播种后及时镇压。

4. 施肥

播种时可施磷酸二铵 150kg/hm² 或复合肥 150～225kg/hm²。

（七）草地管理

1. 杂草防除

播前一周喷施氟乐灵进行苗前封闭。播种后 1～2d 内表土喷施 33% 的二甲戊灵乳油 2 250～3 000mL/hm² 进行封闭除草。出苗后喷施 2，4-滴丁酯等防除阔叶类杂草。

2. 病虫鼠害防治

病虫害防治可用化学、生物或农业措施等方法。使用化学方法时应选择高效、环保型杀虫剂。主要害虫有夜蛾、地老虎、草地螟、蝗虫等，初发时可采用化学药剂防治，每公顷喷施 3% 氯氰菊酯乳油 450mL，以午后或傍晚喷施效果较好。褐斑病（锈病）可以喷甲基硫酸灵、多菌灵、百菌清等进行防治。草地有鼠害发生时，可在鼠洞口布设鼠夹和投施灭鼠药物进行灭鼠，但注意人畜安全。

3. 追肥

返青期，施磷酸二铵 150kg/hm² 和硫酸钾 45～75kg/hm² 或有机肥 22.5 t/hm²。每年刈割后施尿素 75～90kg/hm²。

(八) 草地利用

1. 刈割

建植第二年后可刈割利用，7 月中下旬选择 3d 内晴朗无雨的天气进行刈割，留茬高度 5～8cm。

2. 放牧

建植第二年后开始放牧利用，在牧草分蘖拔节后进行，一般为每年的 5 月上旬。放牧制度及放牧强度按照 NY/T 1343 和 NY/T 635 的规定执行。

四、注意事项

(一) 除草剂的使用

苗前除草剂如氟乐灵必须提前一周或更早进行，否则会产生药害；苗后除草剂二甲戊灵必须在播种后 1～2d 内进行，太晚也会发生药害。

(二) 草地利用

人工混合植被建植当年严禁任何方式的利用，第二年可作为放牧场或打草场利用（彩图 2-3）。

五、效益分析

(一) 经济效益

1. 用作割草场的经济效益分析

采用该技术改良后的盐碱化草地，第二年其植被盖度平均值达到 78.3%，极显著高于未改良的草地（$P<0.05$），是未改良草原的 4.35 倍（图 2-2）。人工改良后（种植耐盐碱植物），优质牧草比例显著增加，草地的生产力得到极大的提升。改良草原的平均干草产量达到 2 412kg/hm²，比

未改良增加 677.5%。

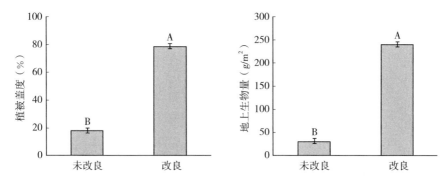

图 2-2 改良草原与未改良草原的植被盖度与地上生物量

以上述调查产量数据为基础，计算草原在改良的第三年可实现盈利。改良成本投入包括整地、种子、播种和管理（施肥、追肥、打药等）。在改良示范区内，每公顷耙地费用为 525 元，耙两次需 1 050 元；种子费用共 1 710 元，其中羊草为 900 元，其他均为 270 元；播种费用是每公顷 300 元；管理费用为每亩 720 元（农药 240 元，化肥 480 元），每公顷的总成本是 3 780 元。种植当年不刈割利用，因此没有收入。第二年开始刈割收草，草地的管理成本是每公顷 480 元（追肥 2 次，每次 240 元），收获成本是每公顷 375 元（割草 120 元，翻晒 30 元，打捆 225 元）。每公顷草产量为 2.4t，每吨优质草价格为 1 200 元，每公顷销售收入为 2 880 元，每公顷纯收入为 2 025 元。改良 3 年后，每公顷可实现纯收入为 270 元（表 2-1）。

表 2-1 改良割草的经济效益分析

单位：元/hm²

建植年份	成本					收入	
	耙地	种子	播种	管理	收获	销售收入	纯收入
第一年	1 050	1 710	300	720	0	0	−3 780
第二年	0	0	0	480	375	2 880	2 025
第三年	0	0	0	480	375	2 880	2 025
总计	1 050	1 710	300	1 680	750	5 760	270

2. 用作放牧场的经济效益分析

采用该技术改良的盐碱化草地，其植被盖度和生产力恢复迅速，改良后第二年即可作为放牧场利用，实现增加收入。如上所述，该技术改良的草原干草产量可达到每公顷 2.4t，可满足约 4 只体重为 50kg 绵羊全年的干草需求（绵羊日粮按其体重的 4% 计算，其中干草占日粮的 85%，绵羊每天的干草需求量约为 1.7kg，一年需干草量为 620kg，即 0.62t）。每只羊按照 1 200 元售价计算（每千克羊肉价格按照 24 元计算），可实现销售收入 4 800 元。除去改良成本后，第二年每公顷可增加收入 1 700 元（表 2 - 2）。

表 2 - 2　改良放牧的经济效益分析（以绵羊为例）

建植年份	改良成本（元/hm²）			放牧绵羊数（只/hm²）	绵羊价格（元/只）	绵羊收入（元/hm²）	
	耙地	种子	播种			销售收入	纯收入
第一年	1 050	1 710	300	0	1 200	0	−3 100
第二年	0	0	0	4	1 200	4 800	4 800
总　计	1 050	1 710	300	4	1 200	4 800	1 700

（二）社会效益

第一，增加优质草地面积，促进黑龙江省牧草产业发展。黑龙江省是我国十大草原区之一，是全国草业发展的重点区域。然而，黑龙江省目前有 55.7 万 hm² 的重度盐碱化草原需要改良。应用该项技术，将使黑龙江省从草业大省变为草业强省。

第二，提供优质饲草，保障我国畜牧养殖业健康稳定发展。该技术改良后的草原可生产出优质的干草产品，相较于秸秆粗饲料，喂养优质牧草的绵羊出栏周期明显缩短，肉类质量显著增加。

第三，增强企业、合作社、种植户的核心竞争力，增加经济效益。当前，牧草已进入以质论价的时期，优质草产品的市场竞争力更强。发展该项技术，对提升企业的核心竞争力，增加企业经济效益起到积极的促进作用。

第四，增加草原的固碳能力，促进区域"双碳目标"的实现。该项技术的应用，极大地提高了草原的生产力，提升草原植被的固碳能力。另外，草地生产的优质牧草，能够显著降低家畜饲喂过程中温室气体的排放，实现畜牧业生产过程中的减排目标。

（三）生态效益

该技术可使草地的 pH 下降。未改良草原的土壤 pH 平均为 9.75，草原改良后土壤 pH 下降到 9.13。与未改良草原相比较，实施该技术降低了盐碱草地的土壤容重。改良后草地的有机质含量显著增加（$P<0.05$）。改良草原的土壤有机质含量达到 12.60g/kg，未改良的草原仅为 9.22g/kg。改良降低了盐碱草地的碱化度，改良后草原土壤的碱化度由 59.93% 下降到 46.05%（图 2-3）。该技术将会在我国北方农牧交错带盐碱化草原生态修复中发挥突出的作用，让碱斑茫茫的盐碱地变成青草依依、绿水悠悠的大美草原，恢复和巩固草原的涵养水源、保持土壤、防风固沙、固碳储氮、净化空气、维护生物多样性等生态功能，并最终实现绿水青山就是金山银山。

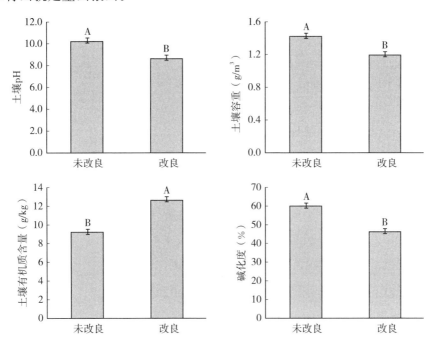

图 2-3　改良草原与未改良草原的土壤理化性质

六、应用案例

黑龙江省大庆市肇源县头台镇七家子村北甸子的草原面积约 1.3 万亩，由于长期的严重超载放牧，草原盐碱化十分严重。碱斑的比例超过 70%，土壤 pH 范围在 9.24～10.97，碱化度大于 60%。草原的生产力十分低下，每亩产草量不足 20kg，各项功能几乎丧失殆尽（彩图 2-4）。

2020 年该处草原流转到肇源县粮食集团。面对功能丧失的草原，在黑龙江省林业和草原局的支持下，肇源县粮食集团对该草原进行专项治理。本团队作为技术支撑单位提供详细的改良方案并进行现场指导，提出了浅耙整地，减少对土壤的扰动；施入玉米秸秆生物有机肥，增加土壤有机质和养分，调节土壤 pH；播种羊草、星星草、鹅冠草和披碱草，建植混播人工植被群落的综合改良技术方案。2021 年对改良后的草地植被和土壤进行了监测，使用本技术改良后草地的植被盖度、产草量和土壤理化性质得到明显地改善（彩图 2-5），取得了显著的经济、社会和生态效益。肇源县粮食董事长感慨地说："草原改良还得需要科技支撑，还得需要专业的科研人员指导"，并表示有了专业力量的支撑，集团有信心将肇源县 70 万亩草原改良好。

七、引用标准

1. GB/T 19377—2003　天然草地退化、沙化、盐渍化的分级指标标准

2. GB/T 6142—2008　禾本科草种子质量分级

3. NY/T 1343—2007　草原划区轮牧技术规程

4. NY/T 496—2010　肥料合理使用准则　通则

5. NY/T 635—2015　天然草地合理载畜量的计算

起草人：潘多锋、高超、张瑞博、李道明

第二节

黑龙江苏打盐碱地羊草生产技术

盐碱化土地治理是一个世界性难题，特别是碳酸盐盐碱地，被认为是世界生态的"癌症"。目前，全世界盐碱地面积近 10 亿 hm^2，我国约有 1 亿 hm^2 盐碱地，其中松嫩平原西部就有 373 万 hm^2 盐碱地，严重制约农业生产，影响生态环境。因此，恢复治理松嫩平原苏打盐碱地迫在眉睫。羊草（*Leymus chinesis*）是松嫩平原盐碱化草甸主要优势种，被称为"国草"，具有耐寒、耐盐碱等抗逆性强的生态特性，在我国盐碱化草地、退化草原的改良与生态保护修复中具有极其重要的作用，而且因其产量高、叶量大、营养丰富、适口性好，被作为畜牧养殖过程中一种极具优势的饲草。

黑龙江省人工草地面积不足 70 万亩，且绝大部分为紫花苜蓿人工草地，而羊草作为松嫩草原的优势草种，人工种植面积较少，优质羊草供给严重不足，极大地限制了黑龙江省草地畜牧业发展和盐碱地生物改良的进程。该技术针对黑龙江轻中度苏打盐碱地，以黑龙江省农业科学院草业研究所选育的菁牧 3 号羊草为核心，开展羊草生产技术研究，利用该技术建植人工草地，可提高羊草产量和品质，促进黑龙江省草牧业发展，同时可改善盐碱地土壤通气性和透水性，增加渗水量，改善生态环境。该项技术的实施，在生产第二年后可使盐碱地每公顷羊草干草产量达到 7.5t 以上，经济效益、生态效益和社会效益显著。

一、适用范围

该技术适用于黑龙江省轻中度苏打盐碱地。主要包括黑龙江省中西部的齐齐哈尔市、杜蒙县、富裕县、兰西县、明水县、青冈县、林甸县、大庆市、安达市、肇东市、肇州县等地区。

二、技术流程

该技术包含黑龙江轻中度苏打盐碱地羊草建植、田间管理、收获等技术环节。首先选择适宜地块，深松、浅翻、轻耙、施腐熟有机肥后镇压。选择适宜品种后，进行种子处理，在 5 月上旬至 7 月下旬雨前采用分层播种机播种。生长季进行田间管理，适时收获。具体流程见图 2-4。

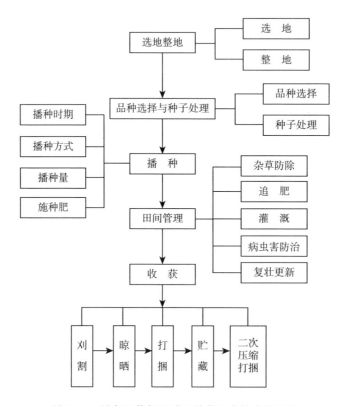

图 2-4　黑龙江苏打盐碱地羊草生产技术流程图

三、技术内容

(一) 选地与整地

1. 选地

选择地势平坦，集中连片，耕层土壤含盐量低于 0.3%，pH 7.5～

9.0 的轻中度盐碱地。

2. 整地

播种前采用深松机进行深松，深度 35～45cm，起到排水透气作用，而后用圆盘耙进行轻耙或浅翻耕以躲过暗碱，深度 10～15cm，破除大坷垃，使土粒细碎，保证无明暗坷垃，土壤达上松下实。整地后镇压一次。

3. 挖排水沟

在盐碱地中或周边挖用以排水的渠，深度在 1m 左右。在雨量较大的季节可及时疏导排水。

（二）品种选择和种子处理

1. 品种选择

羊草品种应选用根茎分蘖多、再生性强、抗旱、耐寒、耐盐碱的品种。推荐选择农菁 11、菁牧 3 号、中科 1 号、吉生 1 号、农牧 1 号等品种。种子质量应符合 GB 6142 规定的二级以上，并满足 GB/T 2930.6 检验合格的健康种子。

2. 种子处理

羊草种子有休眠特性，播种前需要破除种子休眠，主要方法是低温保存（在 4℃条件下保存 30d 以上）或可采用 30％氢氧化钠浸泡采集的羊草种子 40min，200mg/L 赤霉素（GA_3）浸泡 50min，种子自然晾干。

（三）播种

1. 播种期

播种期选在 5 月上旬至 7 月下旬均可，宜 6 月上中旬雨前播种。选择阴天、无风天气进行播种。

2. 播种方式

采用单播方式，机械条播，行距 30～50cm，播种深度 2～3cm，播种后要及时进行镇压 1～2 次，可保墒、促进发芽（彩图 2-6）。

3. 播种量

亩播种量一般在 2.0～2.5kg。整地质量差、碱斑较重的地块应加大亩播种量到 3.0～3.5kg。

4. 施种肥

用磷酸二铵作种肥，施用量 $150\sim200kg/hm^2$。

（四）田间管理

1. 杂草防除

封闭除草，播种后 $1\sim2d$ 表土喷雾，每亩用 33％二甲戊灵乳油 $150\sim$ 200mL 兑水 $15\sim20kg$；羊草 2 叶 1 心时，喷施 3.3％噁唑酰草胺乳油防除恶性杂草马唐；苗期每亩可采用 72％ 2，4 -滴丁酯 $40\sim50mL$ 兑水 $20\sim$ 25kg 灭双子叶杂草和阔叶类杂草。播种当年生长后期可进行刈割除草（彩图 2 - 7、彩图 2 - 8）。

2. 追肥

看苗施肥，播种当年在分蘖或拔节期追施尿素 $60\sim90kg/hm^2$，第二年全年追施尿素 $100\sim120kg/hm^2$，分别在返青期和拔节期追肥，追肥比例为 3：7，幼穗形成期可酌情施用磷、钾肥。追肥应结合降雨、灌溉施肥。

3. 灌溉

播种后需灌保苗水，在拔节期，看苗灌水。第二年后返青前可以浇一次返青水，有条件的地方在入冬前一个月灌溉一次。

4. 病虫害防治

羊草易遭虫害，主要有草地螟、黏虫、蝗虫等。防治方法可以采取生物防治法（如进行草地牧鸡）或药物防治法（如喷洒苏云金杆菌乳剂、溴氰菊酯、吡虫啉等）。

5. 更新复壮

羊草作为根茎型牧草，生长年限长，会形成纵横交错的根茎，使土壤的通气性变差，影响产量，需要在生长到 $4\sim5$ 年后切断根茎，松土施肥，加速繁殖，改善土壤理化特性，调节水、肥、气、热，提高微生物活动及肥力，创造无性繁殖、生长、发育的良好条件，使之增株、增量、增产。在苏打盐碱地上更新复壮主要采用浅翻轻耙方式。方法是在早春越冬芽尚未萌动时，机引三铧或五铧犁浅翻 $8\sim10cm$，再用圆盘耙斜向耙地两次，再用 V 形镇压器镇压。

（五）收获

1. 刈割

播种当年霜后刈割一次。第二年以后每年可刈割两次，在羊草孕穗—抽穗期刈割一次，第二次刈割不应太晚，以当地初霜来临前 30d 完成为宜。刈割留茬高度一般以 5～8cm 为宜。选择未来 3d 内晴朗无雨的天气进行刈割（彩图 2-9）。

2. 晾晒

选择晴朗的天气收割后，通常自然晾晒 3～5h 后进行一次翻晒。在羊草水分降至 35%～40% 时，将半干的草集成草垄或草堆，当含水量降至 14%～16% 时即可打捆。

散干草体积大，贮运不方便，为了便于贮运，使损失减至最低限度并保持干草的优良品质，常把干草压缩成长方形或圆形的草捆贮藏。羊草含水量在 16% 以下可打成圆草捆，在 14% 以下可打成方草捆（彩图 2-10）。

4. 贮藏

堆放位置选择在地势高而平坦，垛底要用木头或砖块垫起铺平，高出地面 40～50cm。一般堆放 10～15 层。每层在适当位置设置 5～20cm 宽的通风道 1 个，每相邻层的通风道方向垂直。在距离最顶层 4 层开始，每一层缩进 10～15cm，最终形成宝塔形封顶。贮藏在草棚的干草捆的垛高可根据草棚的高度而定，干草捆垛顶高度要距离草棚棚顶边沿 30～40m，有利于通风散热（彩图 2-11）。

5. 二次压缩打捆

圆草捆自然晾晒通风，含水量达 14% 以下，经揉丝、切段、除尘后打成大方包，每包 350～400kg（彩图 2-12）。

四、操作要点

（一）整地

盐碱地耕翻时应特别注意表土层厚度和碱土层深度。要躲过暗碱，实行表土浅翻，做到浅翻轻耙，以防破坏草皮，露出暗碱，造成土壤进一步碱化。

（二）播种

播种时间以夏季雨前 6 月上中旬播种为宜，不晚于 7 月下旬，播种过晚，不能形成地下横走根茎，影响第二年产量。

（三）田间管理

羊草播种当年生长缓慢，植株细弱，苗期易受杂草影响，因此，应在播前或播后苗前及时消灭杂草，播种当年生长后期可进行刈割除草；在雨量较大的季节，草地如果出现积水淹涝现象，要及时疏导排水，防止长时间雨水浸泡造成羊草大量死亡；当羊草生长到第四、第五年后就需要切断根茎进行更新复壮。

（四）适时刈割

在适当的时期对羊草进行刈割，可以获得最佳产量和养分含量。羊草通常在孕穗—抽穗期之间刈割。

五、效益分析

（一）经济效益

黑龙江苏打盐碱地种植羊草，种一次可以利用数十年，播种当年生产成本 4 890 元/hm²，干草产量 4.35t/hm²，每公顷纯收益 1 200 元；第二年，生产成本 1 800 元/hm²，干草产量 8.55t/hm²，每公顷纯收益 1.1 万元；第三年，生产成本 1 800 元/hm²，干草产量 8.1t/hm²，每公顷纯收益 1.03 万元，三年平均纯收益 7 525 元/hm²，经济效益显著。三年平均干草产量为 7.0t/hm²，可满足约 12 只体重为 50kg 绵羊全年的干草需求（绵羊日粮按其体重的 4% 计算，其中干草占日粮的 85%，绵羊每天的干草需求量约为 1.7kg，一年需干草量为 620kg，即 0.62t）。每只羊按照 1 200 元售价计算（每千克羊肉价格按照 24 元计算），可实现销售收入 14 400 元。除去成本 2 830 元/hm²，可增加收入 11 570 元/hm²（表 2 - 3）。

表 2 - 3　盐碱地羊草生产经济效益分析

单位：元/hm²、t/hm²

建植年份	成本							产量	收入	
	耙地	种子	播种镇压	管理	收获	其他	总成本		销售收入	纯收入
第一年	1 050	1 800	375	1 065	375	225	4 890	4.35	6 090	1 200
第二年	0	0	0	825	750	225	1 800	8.55	12 825	11 025
第三年	0	0	0	825	750	225	1 800	8.10	12 150	10 350
总计	1 050	1 800	375	2 715	1 875	10 125	8 490	21.0	31 065	22 575

（二）社会效益

应用该项技术，将增加羊草人工草地面积，提高牧草产量和品质，为畜牧业提供优质羊草，满足畜牧养殖业生产需要，从而带动全省名特优畜牧养殖业的发展，实现牧民增产增效。同时还能改善盐碱化土地土壤环境，形成羊草草原的高效益和可持续发展，社会效益显著。

（三）生态效益

该技术实施可增加植被覆盖，提高草地生产力，一次种植可利用数十年，一次建植可持续覆盖地表几十年，同时可改善盐碱地土壤的通气性和透水性，增加渗水量，降低盐碱地的碱化度，对盐碱化土地治理具有良好的生态效益。同时，极大地提高草地"碳汇"功能，促进黑龙江省低碳经济的发展。

六、应用案例

黑龙江省绿色草原牧场 2019 年在盐碱地上进行"菁牧 3 号羊草生产技术示范与推广"工作，实施面积约 20hm²，取得显著成效（彩图 2 - 13）。播种前对该盐碱地进行本土调查，土壤 pH 8.5，土壤有机质 14.1g/kg，土壤容重 1.24g/m³，生产力低下，三年平均干草产量不足 0.10t/hm²。采用该技术种植菁牧 3 号羊草后，其播种当年植被盖度就达到 70%，土壤有机质达到 15.2g/kg，土壤容重降低为 1.15g/m³，三年平均干草产量 0.47t/hm²，比未改良前增加 370.0%，盐碱化草地的生产力极显著地增加。黑龙江省绿色草原牧场现有盐碱耕地 0.7 万 hm²，草原 1.5 万 hm²，如果有 50% 的盐碱地采用该项建植技术提升生产力，每年可创产值 8 000 多万元。羊草根茎和地上部分生物量大，年均固定碳素 15t/hm² 左右，具有极其可观的生态效应，能对"两山论""碳中和"等目标的实现做出积极的、巨大的贡献（彩图 2-14）。

七、引用标准

1. GB/T 2930.6—2017　草种子检验规程健康测定
2. GB 6142—2008　禾本科草种子质量分级

　　起草人：王建丽、张冬梅、尤佳、牟林林、钟鹏、邱桂俐、韩微波

松嫩平原苏打盐碱地种草改良关键技术

土壤盐碱是影响全球农业生产和生态环境的严重问题，也是目前制约我国农业增产的两大土壤问题之一。吉林省西北部地区盐碱地总面积 96.9 万 hm²，占土地总面积的 17.5%，其中松原市 30 万 hm²、白城市 63.12 万 hm²、四平市 2.36 万 hm²、长春市 1.42 万 hm²。

土地盐碱化的加剧，使草地资源锐减，生产能力不足，耕地质量下降，土壤含水量减少。土地盐碱化加剧了自然灾害的发生，由于吉林西北部地区盐碱地面积加大，程度加重，土壤内生物菌群减少，土壤团粒结构被破坏，水分大量散失，土地板结，植被不能正常生长，导致风沙四起，干旱频繁，洪涝灾害也时有发生。土地盐碱化已经对该区的生态环境与社会经济发展构成严重威胁，急需改造治理。

针对该地区苏打盐碱土发展现状的持续研究，提出种草改良关键技术，从实际情况和经济效益出发，提出以电场废弃物脱硫石膏为主的盐碱土改良植被建植技术。以期对苏打盐碱土区域内的生态环境进行改良，促进区域经济发展，提高植被覆盖率并产生经济效益。

一、适用范围

该技术适用于吉林省西部松嫩平原盐碱化土地，即吉林省镇赉、大安、前郭、长岭、通榆等县市集中分布区。

二、技术流程

采取以脱硫石膏改良土壤和盐碱地植被建植技术为主的综合改良技术。首先对土壤情况进行调查并进行盐碱化程度分级，然后利用脱硫石膏改良土壤和盐碱地植被建植技术，将土壤盐碱化程度降低到可利用范围内，改善土壤理化性质，恢复植被，降低蒸发量，缓解水循环失衡状况，使土壤团粒结构得到改善，再使用其他辅助措施保持土壤改良成果，在此基础上引种经济利用价值较高、适应性较强的优质牧草或作物，改善植被结构，提高经济价值，最终完成盐碱化土壤改良修复（图 2-5）。

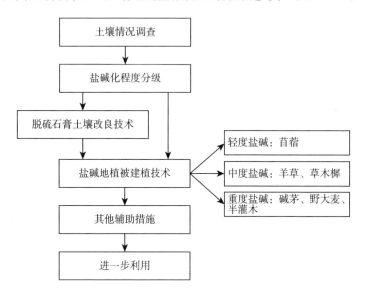

图 2-5 松嫩平原苏打盐碱地种草改良技术流程图

三、技术内容

（一）土壤情况调查及盐碱化程度分级

在对盐碱土进行改良之前，要先对土壤调查并进行简单的盐碱化程度分级，从而选择合适的改良方法，具体方法如下。

1. 土壤样品采集

准备工具（铁锹、自封袋、记号笔等），对样地按照坡度和地上植被种类进行分块，依据每块样地大小确定取样点数，取样点应均匀分布在每块样地中，取样深度为 0~20cm、20~40cm 和 40~60cm 三个深度，将多个取样点的同层土壤进行均匀混合为一份样品。

2. 盐碱化程度分级

可求助于附近的研究所或有检测能力的实验室，对采集的样品使用电极法利用 pH 计进行检测，获得样品平均 pH，并以此进行简单的盐碱化程度分级，轻度碱化土壤 pH 8.0～8.5，中度碱化土壤 pH 8.5～9.0，重度碱化土壤 pH>9.0。

（二）脱硫石膏土壤改良

播前结合整地将脱硫石膏一次性人工均匀施于地表，进而深翻 20cm，使其与土壤充分混匀。施用量：轻度碱化土壤 12～15t/hm^2，中度碱化土壤 18～21t/hm^2，重度碱化土壤 24～27t/hm^2。

（三）盐碱地植被建植

建立抗盐碱牧草地，轻度盐碱地种植苜蓿、中度盐碱地种植羊草和草木樨，重度盐碱地种植野大麦或碱茅。植被建植技术如下。

1. 碱地苜蓿种植技术

以沙壤土或壤土为宜，地块要求土层深度（80cm 以上），排水条件好的轻度碱化土壤改良后种植。

（1）品种选择　选择适应本地土壤和气候的苜蓿品种，如再生性强、耐寒的公农 1 号苜蓿；抗旱、耐寒、高产的公农 5 号苜蓿；抗逆性强、再生性强的龙牧 801 号苜蓿；生产性能好、适应性强的龙牧 803 号苜蓿；抗寒、抗旱、直立性好的东苜 1 号、东苜 2 号苜蓿；抗寒性强、比较耐旱的肇东苜蓿等。

（2）整地　播种前必须将地块整平整细，从而确保发芽率和出苗均匀度，并对土壤中的杂草及其种子进行清除，播种之前一定要施足底肥，尤其是有机肥，每公顷 30～40t，于翻地前均匀撒开，翻入耕层内，如无有机肥，可施磷酸二铵 200～300kg/hm^2。

（3）播种时间　4 月末至 7 月末。春季干燥地块应造墒播种，一般在 6 月中旬雨季到来时播种。

（4）播种量　大面积播种时下种量控制在 9.0～12.0kg/hm^2。

（5）播种方式　采用机械条播的方式，行距 15～30cm，覆土厚度 1～1.5cm，播后覆土镇压。

（6）田间管理　返青后生长旺盛，需水量大，要适时浇一遍水。每收割一茬后若天气干旱都要适时浇一遍水。杂草防除时，除草剂喷施量为每公顷用咪唑乙烟酸 1 800mL、精喹禾灵 1 500mL 和水 450kg 充分混匀后进行喷施。

（7）收获　在孕蕾末期或初花期收获。晴天收割晾晒 1d 后，可利用晚间或早晨进行运输，减少紫花苜蓿叶片脱落。割草的留茬高度应控制在 3～4cm，最后一茬留茬高度在 5～10cm，有利于保护根冠来年返青。建植当年建议不刈割，或刈割 1 次，第二年及以后每年可刈割 2～3 次（彩图 2-15）。

2. 退化天然草地羊草补播技术

能在 pH 为 8.0～9.4 的土壤中正常生长，除低洼易涝地外均可种植。

（1）品种选择　选择适应本地土壤和气候的羊草品种，如产量高、结实率高的吉生系列羊草；株型直立、分蘖力强的东北羊草；高产、优质、抗旱的农菁 4 号羊草等。

（2）播种方法　条播或撒播，条播行距 15～30cm，撒播将播种机上的开沟器卸掉，种子自然脱落地表。补播后轻耙覆土 2～3cm，用环形镇压器镇压 1 遍。

（3）播种时间　羊草种子发芽时需要较高的温度和充足的水分，于 6 月至 7 月降透雨后，土壤耕层含水率 18% 左右，且地表无积水时进行补播。

（4）播种量　根据补播地段草地植被生长情况，播量控制在 15～30kg/hm²。

（5）灌水　有条件可适当灌水增产。

（6）更新复壮　可采取封育、深松、补播、浅翻、轻耙等改良措施，促进羊草无性更新（彩图 2-16）。

3. 草木樨高产栽培技术

草木樨能在 pH 为 8.5～9.0 的土壤中正常生长（彩图 2-17）。

（1）品种选择　选择适应本地土壤和气候的草木樨品种，如适宜我国北方年降水量 250～500mm 的地区种植的斯列金 1 号黄花草木樨；适宜我国东北、华北及西北地区种植的公农黄花草木樨和公农白花草木樨。

（2）播种方法　在天然草地上单种，采取密植不除草的方法，即在春季气温达到 10~12℃、杂类草出苗之前抢墒播种，行距为 15cm，机械密植条播。可使草木樨提前封垄，抑制其他杂类草生长。

（3）播种量　15~22.5kg/hm²。播前要磨去外壳和擦伤种皮，以破除"硬实"种子。常用的是机磨法，即用一般的碾米机碾磨 1~2 遍。

（4）施肥量　主施磷肥以磷酸二氢钾或过磷酸钙做底肥，施用量为 130kg/hm²。

（5）灌水　有条件可依照墒情适当灌水增产。

4. 碱茅高产栽培技术

碱茅可选耕层土壤（苏打盐渍土）pH 9.5 以上、含盐量 1.0% 左右的农田和草原插花分布的盐碱荒地，因盐碱重而弃耕的撂荒地、生荒地以及天然盐渍化光板地种植。

（1）品种选择　选择适应本地土壤和气候的碱茅品种，如适宜我国东北、华北、西北地区，碳酸盐盐土、氯化物盐土和硫酸盐盐土等类型的盐碱地种植吉农 2 号朝鲜碱茅；可在东北、西北、华北等不同类型盐碱地上栽培的白城小花碱茅（星星草）和白城朝鲜碱茅等。

（2）播种方法　机械平整土地，重耙耕翻，轻耙碎土，然后拖平。可采用草坪播种机播种。

（3）播种时间　有灌溉条件的地区，4—10 月均可播种，无灌溉条件，旱种一般选择雨季前播种。春播选择 4—5 月，秋播可在 8 月上旬到 8 月中旬，冬播可在 10 月中下旬"寄籽"播种。

（4）播种量　播种量为 30kg/hm²，覆土深度不超过 0.5cm。

（5）施肥量　拔节期追施尿素 100~150kg/hm²。

（6）除草剂　播种当年可能有少量碱蓬，若严重时根据碱蓬多少可用 2，4 -滴丁酯防除。

5. 野大麦栽培技术

野大麦在 pH 9 以下的盐碱性低洼湿地可正常生长（彩图- 18）。

（1）品种选择 选择适应本地土壤和气候的野大麦品种，如适宜东北三省及内蒙古东北部地区重、中度盐碱退化草地的改良和建设人工草地种植的萨尔图野大麦；适宜吉林、辽宁、内蒙古、山东等省区种植的军需1号野大麦。

（2）播种方法 可采用机械或人工条播、撒播，条播行距20～40cm，覆土深度2～3cm，覆土深浅要一致，并及时镇压。

（3）播种时间 播种期4月末至6月上旬，如春季土壤干旱，也可在8月初播种。

（4）播种量 播种量为15～22.5kg/hm²，覆土深度不超过0.5cm。

（5）整地及施肥 播种前可在前一年秋季对土地进行深翻耙平，并按15～30t/hm²的使用量施用有机肥，第二年播种前再进行精细整地。播种时，施种肥磷酸二铵150～180kg/hm²、尿素75.0～120kg/hm²。

（6）除草剂 如需除草，可在播种当年苗高7～10cm时进行第一次中耕除草，在苗高15～25cm时进行第二次中耕除草。采用化学除草时，可使用2，4-滴丁酯等防治阔叶杂草的药剂，施用量为1 500mL/hm²。

（四）其他辅助措施

1. 围栏

将建植后的草地暂时封闭一段时期，在此期间不进行利用，以防止人为或牲畜的破坏，从而能够贮藏足够的营养物质，逐渐恢复草地生产力，以此来维护盐碱地植被的建植效果，当草地植被恢复到一定水平后再逐渐进行利用。

2. 休牧

休牧措施主要用于放牧的草地上，一般应在立地条件良好、植物生长正常的轻盐碱化地块上进行。在春季牧草萌发期，若牲畜频繁啃食，将导致草地迅速退化。同时早春刚刚解冻，地表潮湿，此时放牧也会使土壤被践踏而遭到破坏。因此应对盐碱化、生态脆弱区的草地开展春季季节性禁牧，并结合当地气象条件、牧草物候期确定具体区域和期限。

3. 灌溉建设

配合盐碱地治理，需要解决降水量小、蒸发量大、溶解在水中的盐分容易在土壤表层积聚的问题，因此在干旱、半干旱地区需要设立必要的灌溉设施进行辅助。

四、操作要点

(一) 脱硫石膏改良技术

秋季深施降低土壤碱化度、总碱度和 pH 效果较春季深施、春季浅施和秋季浅施更显著，并且犁翻后再旋耕效果好于单一犁翻或旋耕（彩图 2-19）。

(二) 生物治理技术

1. 建立抗盐牧草人工草地，种子处理、播种技术和田间管理技术是关键。

2. 补播改良盐碱化草地，可在补播同时配合灌溉压盐排碱，调节土壤水分，促进优良牧草生长。

3. 其他改良盐碱化草地的植物。适于该区域盐碱化草地配置的树种有白刺、柽柳，还可以种植耐盐的农作物，进行草-粮轮作的草地农业生产（彩图 2-20）。

(三) 其他辅助措施

1. 围栏

可选择的围栏方式有挖沟、筑土墙、垒石墙、扎柳栅篱、绿篱、铁刺丝、钢丝围栏和电围栏等 10 余种。

2. 休牧

休牧时间一般不少于 45d，一般选择在春天植物返青以及幼苗生长的时期。若有特殊需要，也可在秋季或连雨时期实施。

3. 灌溉建设

每一块地根据面积不同配置深水井 1 眼（井深 80~100m），配大型圆形指针式喷灌机 1 台，每天每台灌溉 3~50hm²。

五、效益分析

（一）经济效益

目前吉林西部地区示范区改良盐碱地 400hm²，种植碱茅、羊草、苜蓿、黄花草木樨等，年直接新增产值 160 万～250 万元。三年累计新增产值 580 万元，促进了粮食增产、农民增收。以脱硫石膏改良盐碱地种苜蓿养奶牛为例进行分析，1hm² 苜蓿地年产干草 5t，正好是 6.5 头奶牛日喂苜蓿干草 2.5kg 一年的需要量，每公顷苜蓿转化为牛奶每年可增加 450kg，增加经济效益 11 700 元，扣除苜蓿种植成本 5 290 元/hm²，净增经济效益 6 410 元/hm²。吉林省西部地区奶牛约 40 500 头，需 6 170hm² 苜蓿人工草地，每年可增产牛奶 1.8 万 t，每年可净增经济效益 7 200 万元，经济效益十分显著。

（二）生态效益

通过该技术改良盐碱地可有效降低土壤碱化度 13.8%、总碱度 0.28cmol/kg 和 pH 0.68，盐碱地改良对于改善区域内的生态环境，促进区域经济发展起到积极的推动作用，通过示范推广，示范区草地植被能得到有效恢复，植被覆盖率增加 30% 以上，减轻了水土流失，取得了良好的生态效益。

（三）社会效益

改良盐碱地植被恢复技术，把盐碱地改良—耐盐碱牧草种植—草食家畜三位一体，从而在盐碱地建立稳定高效的草地农业生态系统。经过改良后每公顷重度碱地碱茅人工草地每年生产优质牧草 1.5t；每公顷中度羊草人工草地每年生产优质牧草 2t；每公顷轻度苜蓿人工草地每年生产优质牧草 6t。在取得丰厚的经济效益的同时，也使得盐碱地成为我国牧草的重要生产潜力点，通过重点发展草牧业、生态种植业，构建盐碱地生态经济产业链，建立产业化基地，推动该技术成果产业化、市场化，推行出"政府引导＋科研单位＋企业"模式，使盐碱地变废为宝，这对改善苏打盐碱土地区生态环境，促进地区乡村振兴具有重要意义。

六、应用案例

2014 年，利用苏打盐碱土种草改良关键技术，在通榆县吉林省吉运农牧业股份有限公司建立盐碱地综合改良苜蓿人工草地一处，面积500hm²；在大安市吉原绿化工程有限公司建立盐碱地改良人工碱茅草地一处，面积100hm²；在大安市洪大草业发展有限公司建立盐碱退化天然草地羊草补播草地一处，面积300hm²。均获得了显著的经济效益。

盐碱地改良种植第一年，碱茅产量提高到 1 245kg/hm²，产投比为0.22；羊草产量提高到 1 530kg/hm²，产投比为 0.35；苜蓿产量提高到2 505kg/hm²，产投比为 1.02。第二年，碱茅产量提高到 2 145kg/hm²，产投比为 1.23；羊草产量提高到 2 460kg/hm²，产投比为 1.83；苜蓿产量提高到 2 940kg/hm²，产投比为 2.69。第三年，碱茅产量提高到2 565kg/hm²，产投比为 1.47；羊草产量提高到 2 970kg/hm²，产投比为2.21；苜蓿产量提高到5 070kg/hm²，产投比为 2.69。

效益分析表明，改良盐碱地种植苜蓿，当年改良当年可以收回成本，改良后第二年、第三年效益显著；利用脱硫石膏改良盐碱地种植碱茅、羊草，当年改良难以收回成本，但在改良后第二年、第三年效益明显。

起草人：李达、王笛、赖宪明

第四节 苜蓿设施育苗与盐碱地移栽技术

内蒙古自治区西部地区有大量的盐碱地，不同程度的盐碱地占总耕地面积的48%。盐碱地以硫酸盐、氯盐和钠碱为主，这些土地绝大部分属于轻中度盐碱地，也有少量重度盐碱地。这些盐碱地种植粮食作物、优质牧草及经济作物种子发芽率低、出苗差、保苗率更低，造成产量低，因可种植的品种单一、连作情况严重，使土壤营养成分不均衡，病虫害严重，影响了农民的经济效益。

苜蓿是多年生的豆科牧草，抗逆性强、覆盖时间长、适应能力强、营养价值丰富、经济价值高。一年种植3～5年产量最高，一些苜蓿品种具有较好的耐盐效果，在盐碱地多年种植，可以有效提高土地利用率，改良盐碱地，改造低产田为中高产田，改善生态环境。

因盐碱地表层5cm内盐碱含量最高，直播苜蓿播深2cm，苜蓿种子小，在盐碱含量高的土壤中种子发芽率低、出苗差，即使最耐盐碱的苜蓿品种只能在全盐量为4‰、pH为8.5以下的条件发芽生长，超过则种子无法正常发芽。该项技术通过改进苜蓿建植方式，即采用苜蓿育苗定植技术，育苗根系长5cm以上，定植后，根系生长点可以躲避表层5cm重盐碱区，所以在含全盐量为5‰、pH为9以下均可种植，而且长势良好。该项技术可提高苜蓿在盐碱地上的保苗率、成活率、产量与经济效益。

一、适用范围

河套灌区位于内蒙古西部阴山脚下，阴山以北为荒漠半荒漠草原，以放牧为主，属牧区。以南以种植业为主，属农业区，黏壤性土地，东西长250km，南北宽约60km，海拔1 080～1 050m，总面积160.4万hm²。属中温带气候，冬寒而长，夏热而短。光照充足，年大于5℃积温3 500℃，极端最高气温35℃，极端最低气温−28℃，年平均气温6.1~10℃。年日照时数3 274h，初霜期在10月上旬，无霜期为125~145d。年降水量100~230mm，蒸发量2 300~2 800mm，蒸发量是降水量的十倍之多。

因多年大水漫灌黄河水，有灌无排或排水不畅，造成很大面积的盐碱地，此技术适用于全盐含量4.0~5.0g/kg、pH<9的土壤。

二、技术流程

选择中度盐碱地，前一年秋季深翻且漫灌保墒，大棚育苗，移栽前土地整细耱平，苜蓿苗用人工点播器移栽或用开沟摆苗的方式移栽（图2-6）。

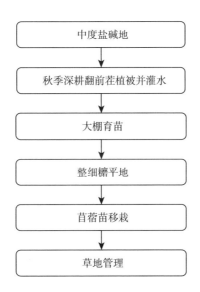

图2-6　苜蓿设施育苗与盐碱地移栽技术流程图

三、技术内容

（一）育苗大棚及设施消毒

1. 设施消毒

所用设施在播种前3d进行消毒，先用杀虫剂按一定比例稀释成液体喷洒地面和墙面，再用杀菌烟雾剂熏蒸（用法用量参照药剂说明），放置在后墙走道上，封闭全部风口后，由里向外依次点燃熏棚 12～15h，熏棚后放风 1～2d。

2. 育苗穴盘准备

育苗温室地面处理平整，上面铺设地膜，地膜上每隔 30～40cm 打一直径 1cm 的孔。

选择多孔穴的育苗穴盘。重复使用的穴盘用 1％高锰酸钾浸泡半天，晾干水后即可装盘。

（二）基质选择与装盘

1. 基质选用及其处理

选用质量符合 NY/T 2118 标准的基质，每立方米基质加 50％多菌灵 500g 搅拌均匀后，加水拌湿达到土壤含水量 60％～70％，密闭 30～48h 后，即可装盘。

2. 装穴盘

播种前，将消毒后混拌均匀的基质装满穴盘，用平木板等工具刮平整。然后对齐叠放，用平板放在最上面穴盘上向下匀力压，压出 2cm 深的播种孔。

（三）播种

1. 播期和播量

2月下旬至3月上旬开始播种，播量 3～7 粒/穴。

2. 播种方法

将种子点播在穴中，用蛭石覆盖厚度 1.5cm 左右，平板抹平、轻压。

3. 浇水与覆膜

将基质浇透水。浇水后用地膜覆盖穴盘，待出苗 60％～70％时撤去地膜。

（四）苗期管理

1. 温度管理

通过调节风口、揭盖棉帘时间，调控设施温度，达到适宜指标见

表 2-4，符合 DB15/T 1898—2020。

表 2-4　苗期温度适宜指标

时期	日温（℃）	夜温（℃）	最低夜温（℃）
播种至齐苗	25～28	15～18	13
齐苗至缓苗	22～26	13～20	10
移苗前 5～7d	15～20	8～10	5

2. 湿度管理

棚内的湿度控制在 60%～70%范围内，苗盘基质湿度控制在 30%～50%范围内。

3. 防虫、除草

安装黄板诱杀蚜虫。化学除草按照 NY/T 1464.23 执行。

4. 光照

保证充足的光照，晴天上午应早揭棉帘。

5. 放风

当温室内温度达到 26℃时开始放风。先放顶风，后放底风，遵循循序渐进的原则，切忌通风过大。

6. 倒盘

将温室前后的苗盘摆放位置进行前后轮换倒盘，苗期倒 3～5 次。使根系充分生长，防止茎徒长。

7. 炼苗

移苗前 7d 开始炼苗，加大通风量降温，移苗前 5d 不盖棉帘，不关闭通风口，移苗前 3d 全部敞开棚膜晾苗，提高幼苗对外界适应能力。

8. 秧苗标准

幼苗长至 5～7 叶期，苗高 10～12cm，直根深与穴盘深度相当，根系抱紧基质，取出时基质不散。

9. 浇水

移栽前给苗盘浇透水，以保障定植成活率（彩图 2-21 至彩图 2-24）。

（五）移栽定植

1. 选地

选择土壤全盐含量 $4.0\sim5.0$ g/kg、pH<9，具备灌排条件的土壤。

2. 整地

前茬作物收获后，前一年秋季平整土地，深翻 20cm，漫灌水，要浇透。移栽定植前用旋耕、耱碎待用。

3. 灌溉条件

灌溉条件满足苜蓿生育期（4—10 月）的用水需要。

4. 移栽密度

苜蓿移栽行距为 $15\sim20$ cm，穴距 $10\sim15$ cm。

5. 移栽方式

人工或用机械开沟，沟深 $7\sim10$ cm，摆苗后埋土。也可用手持移苗器移栽（彩图 2-25）。

6. 灌水

移苗后及时灌水，以后根据墒情确定灌水次数与灌水时间，盐碱地灌水宜浅灌。

7. 追肥

移苗后灌第二水及每次刈割后灌水前撒施氮、磷、钾复合肥 $150\sim225$ kg/hm^2，最后一茬刈割后，新苗高 10cm 以上时，追施磷酸二氢钾 150 kg/hm^2。

8. 病虫草害防治

（1）杂草防除　灌溉第一水后，水干地湿可进行田间施药操作时，用苜蓿地专用杀草剂＋除单子叶植物的除草剂除草。

（2）病虫害防治　根据农业技术部门发布的病虫害发生情况预测预报信息和防治方法，及时使用高效低毒农药进行防治（苜蓿主要虫害有蓟马、草地螟等），刈割前半个月内严禁使用农药。

四、效益分析

(一)经济效益

第一年中度盐碱地育苗定植保苗率在 90％ 以上,种子田成本 9 900 元/hm²,草田成本 21 600 元/hm²;直播苜蓿种子田成本 8 325 元/hm²,草田成本 9 675 元/hm²;直播苜蓿保苗率在 57.8％ 以内,种子田育苗定植纯收益比直播高 13 350 元/hm²,草田育苗定植纯收益比直播高 2 265 元/hm²。第二、第三年,育苗定植与直播苜蓿成本相同,但产量低,三年育苗定植比直播苜蓿种子田纯收益多 47 580 元/hm²,草田纯收益多 36 570 元/hm²,2021 年巴彦淖尔市推广该模式 200 多亩,纯经济效益达 22.3 万元。

(二)生态效益

苜蓿育苗定植技术可利用低产盐碱地和不能种植农作物与经济作物的中重度盐碱荒地。增加植被覆盖时间与覆盖度,减少土地裸露面积与时间,改善小环境。也可增加盐碱地的产出,河套地区中度盐碱地可种植的品种单一,连年种植向日葵,使土壤中病虫草害及寄生植物严重,土壤营养成分不均衡,危害向日葵产量,苜蓿育苗定植可起到倒茬、培肥土壤与抑制病虫草害及寄生植物的作用。

(三)社会效益

通过苜蓿设施育苗移栽种植模式的推广,提高了低产盐碱地与不能种植农作物与经济作物的中度盐碱地的利用价值,增加了耕地面积,解决了牧草种植与粮食作物及经济作物争地的矛盾,设施育苗带动了大棚的利用率与劳务工人的就业,为河套灌区快速发展的规模化养殖产业提供优质苜蓿草,实现种草养畜的良性循环。

五、应用案例

苜蓿设施育苗与盐碱地移栽技术在杭锦后旗头道桥欣荣养殖专业合作社中度盐碱地(含全盐量 4.3g/kg)采用,示范面积 200 亩,苜蓿成活率

75.8%以上，干草产量 10 050kg/hm²，根据当前市场价，每亩效益 1 474元，200亩总效益为 29.48万元（彩图 2-26、彩图 2-27）。

六、引用标准

1. GB 6141—2008　豆科草种子质量分级

2. NY/T 1464.23—2007　农药田间药效试验准则　第 23 部分：除草剂防治苜蓿田杂草

3. NY/T 2118—2012　蔬菜育苗基质

起草人：郝林凤、白海泉

黄土高原旱作苜蓿栽培技术

黄土高原苜蓿种植历史悠久，是我国最大的苜蓿产区，面积和产量均约占全国的 60%，未来发展潜力较大。黄土高原苜蓿生产的自然条件特点如下：一是半干旱、半湿润地区，降水量 250～700mm，不能满足苜蓿高产的水分需求；二是降水集中于夏季、秋季，时常出现暴雨，春旱较为严重；三是主要土壤类型为黄绵土，孔隙多且大，结构疏松，垂直节理和柱状节理发育，利于苜蓿根系下扎，但抗水蚀能力较差；四是坡地比例较大，水土流失严重；五是梯田宽度偏窄，不便于机械化作业；六是土壤贫瘠，有机质、全氮、有效氮、有效磷含量低。黄土高原苜蓿生产存在的突出问题如下：一是单产低，关键原因是水分不足和盲目施肥；二是质量差，机械化水平低是症结所在；三是效益低，主要决定于单产、质量、作业效率和生产规模。针对黄土高原苜蓿生产的自然条件特点和存在的突出问题，研究总结了黄土高原旱作苜蓿栽培技术。

一、适用范围

该技术适用于山西全省、陕西秦岭以北部分、宁夏南部、甘肃乌鞘岭以东部分和青海日月山以东部分的黄土高原旱作苜蓿生产。

二、技术流程

技术流程见图 2-7。

三、技术内容

（一）选择抗旱耐寒品种

干旱和寒冷是黄土高原旱作苜蓿生产的限制因素，应选择抗旱耐寒品

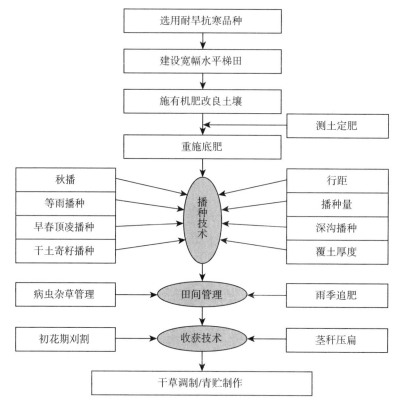

图2-7 技术流程图

种。该区域首推苜蓿品种为域内地方品种，如天水、陇中、陇东、关中、陕北、晋南、偏关、准格尔和蔚县苜蓿等。其次为域内育成品种，如由甘肃农业大学培育的"甘农"系列品种、由中国农业科学院兰州畜牧与兽药研究所培育的"中兰"系列品种。中国农业科学院北京畜牧兽医研究所培育的"中苜"系列品种在黄土高原表现较好。引进品种中，耐旱并且较为抗寒的亦可选用。

（二）建设宽幅水平梯田

黄土高原坡地比例较大，水土流失严重；部分梯田宽度偏窄，不便于机械化作业。因此应将坡地改造为宽度5m以上的宽幅水平梯田，现有宽度偏窄的梯田，亦应进行拓宽改造，以减轻水土流失、便于机械化作业，同时需开展机耕道建设。

（三）施有机肥改良土壤

黄土高原土壤贫瘠，有机质含量低，土壤结构不良，地力较低。因此应结合土壤耕作增施有机肥对土壤进行改良，以改善土壤结构、提高地力水平。中国苜蓿土壤有机质丰缺指标和有机肥适宜施用量如表2-5所示。

表2-5　中国苜蓿土壤有机质丰缺指标和有机肥适宜施用量

丰缺级别	极缺	缺乏	中等	丰富
有机质含量（g/kg）	＜5	5～10	10～15	≥15
有机肥施用量（t/hm²）	75～150	30～75	15～30	0～15

（四）测土定肥

盲目施用化肥的现状需要改变，应该依据土壤测试数据，确定施用化肥的种类和用量。黄土高原紫花苜蓿测土推荐施肥系统如表2-6至表2-9所示。

表2-6　黄土高原旱作苜蓿土壤氮素丰缺指标和
适宜施氮量 [N，kg/(hm²·年)]

丰缺级别		4	3	2	1
缺氮处理相对产量（%）		＜80	80～90	90～100	≥100
土壤碱解氮（mg/kg）		＜30	30～50	50～80	≥80
土壤全氮（g/kg）		＜0.4	0.4～0.8	0.8～1.5	≥1.5
土壤有机质（g/kg）		＜5	5～10	10～20	≥20
目标产量 （t/hm²）	4.5	≥101	68	34	0
	6.0	≥135	90	45	0
	7.5	≥169	113	56	0
	9.0	≥203	135	68	0
	10.5	≥236	158	79	0
	12.0	≥270	180	90	0
	13.5	≥304	203	101	0
	15.0	≥338	225	113	0

表 2-7　黄土高原旱作苜蓿土壤有效磷丰缺指标和
适宜施磷量〔P_2O_5，kg/（hm^2·年）〕

级别		7	6	5	4	3	2	1
缺磷处理相对产量（%）		<50	50～60	60～70	70～80	80～90	90～100	≥100
土壤有效磷含量（mg/kg）		<1	1～2	2～4	4～8	8～15	15～30	≥30
目标产量（t/hm^2）	4.5	≥81	68	54	41	27	14	0
	6.0	≥108	90	72	54	36	18	0
	7.5	≥135	113	90	68	45	23	0
	9.0	≥162	135	108	81	54	27	0
	10.5	≥189	158	126	95	63	32	0
	12.0	≥216	180	144	108	72	36	0
	13.5	≥243	203	162	122	81	41	0
	15.0	≥270	225	180	135	90	45	0

表 2-8　黄土高原旱作苜蓿土壤速效钾丰缺指标和
适宜施钾量〔K_2O，kg/（hm^2·年）〕

丰缺级别		5	4	3	2	1
缺钾处理相对产量（%）		<70	70～80	80～90	90～100	≥100
土壤速效钾含量（mg/kg）		<30	30～50	50～80	80～150	≥150
目标产量（t/hm^2）	4.5	≥108	81	54	27	0
	6.0	≥144	108	72	36	0
	7.5	≥180	135	90	45	0
	9.0	≥216	162	108	54	0
	10.5	≥252	189	126	63	0
	12.0	≥288	216	144	72	0
	13.5	≥324	243	162	81	0
	15.0	≥360	270	180	90	0

表 2-9　中国苜蓿土壤微量元素丰缺临界值及适宜施肥量

元素	测定方法	临界值（mg/kg）	肥料	4 年总计施肥量（kg/hm²）
硼	沸水	1.0	硼砂	7～15
锌	DTPA	1.0	七水硫酸锌	15～30
铁	DTPA	4.5	硫酸亚铁	30～60
锰	DTPA	3.0	硫酸锰	15～30
铜	DTPA	0.2	硫酸铜	7～30
钼	草酸＋草酸铵 pH3.3	0.15	钼酸铵	0.5～1.0

（五）重施底肥

黄土高原旱作苜蓿施肥大多数情形下以磷肥为主、氮肥为辅。氮肥在苜蓿草地建植当年，尤其是播种前基施和播种期以种肥的形式施用，效果最佳。磷肥结合土壤耕作基施和结合播种以种肥的形式施用，效果好、成本低。因此，应重施底肥，甚至可以考虑将 3～5 年所需磷肥一次性施入土壤。

（六）播种技术

1. 播种期

秋播、等雨播种、早春顶凌播种、干土寄籽播种，皆可。

2. 播种量

裸种子播种量 15～20kg/hm²。包衣种子播种量＝裸种子播种量÷（1－包衣材料占包衣种子质量百分比）

3. 行距

10～20cm。

4. 开沟深度

普通条播，开沟深度 1～2cm。

深沟播种不仅有利于旱作苜蓿出苗，而且有助于苜蓿抗旱、抗寒。因此，建议黄土高原旱作苜蓿采用深沟播种，开沟深度 5～10cm。

5. 覆土厚度

1～2cm。

6. 镇压

播种前，在耕耙耱的基础上压实表土。成年人行走其上，鞋印下陷深度在 0.5～1cm。播种后亦需进行镇压。

7. 幼苗密度

300～500 株/m²。

(七) 田间管理

1. 病虫杂草管理要勤观察，必要时及时采取应对措施。

2. 雨季追肥。对于氮肥和钾肥，基施和追施相结合尤为必要。

(八) 收获技术

1. 适时刈割，初花期刈割。

2. 茎秆压扁，选用具有茎秆压扁功能的割草机。

四、操作要点

选择抗旱耐寒品种；建设宽幅水平梯田；施有机肥改良土壤；测土施肥；重施底肥；秋播、等雨播种、早春顶凌播种、干土寄籽播种；深沟播种；雨季追肥；初花期刈割；茎秆压扁。

五、效益分析

(一) 经济效益

应用黄土高原旱作苜蓿栽培技术，苜蓿单产可以提高 50％以上，质量至少提高 1 级，作业效率提高 1 倍以上，经济效益成倍提高。

以甘肃省定西市安定区为例，当地苜蓿生产的成本包括租地费 750 元/hm²，草地建植分摊费 750 元/hm²，肥料农药费 1 500 元/hm²，收割、搂草、打捆费 1 500 元/hm²，装车、转运、入库 2 250 元/hm²，合计 6 750 元/hm²；干草单产 6 000kg/hm²，单价 2 000 元/t，收入 12 000 元/hm²；纯利润 5 250 元/hm²。

该地区的主导作物为玉米、马铃薯和苜蓿。由于三者经济效益不相上下，而苜蓿生产机械化程度较高，省时、省力、省工，种植面积占比高达 40%。

（二）社会效益

黄土高原旱作苜蓿生产的规模、产量、质量、效率和效益显著提高，有力地促进了当地草食畜牧业发展，进一步助力农民脱贫致富；同时草食家畜产品生产大幅度增加，亦为保障国家食物安全贡献了一份力量。

（三）生态效益

改坡地为宽幅梯田，结合种植紫花苜蓿，水土流失得到有效控制，基本上做到了"泥不出沟、水不下山"，不仅利于耕地保护，同时生态效益明显。

六、应用案例

2017—2021 年，甘肃现代草业发展有限公司在甘肃省定西市安定区种植苜蓿 1.2 万亩，每年投入约 540 万元，生产苜蓿干草约 4 800t，收入约 960 万元，净利润约 420 万元。同时，有力地促进了当地草食畜牧业发展，助力农民脱贫致富；大幅度减轻了水土流失，为保护农田和生态环境做出了一份贡献；增加了草食家畜产品生产，为保障国家食物安全做出了贡献。

起草人：孙洪仁、冯强、张毓平

第六节

坝上高原饲用谷子生产技术

坝上高原位于河北北部，海拔 1 200～1 600m，无霜期 80～110d，夏季凉爽短促，冬季漫长寒冷，冬春季干旱少雨，年均降水量 366mm，6—8 月降水占年降水总量的 63％～72％，≥10℃ 的有效积温 1 600～2 200℃，年平均气温－0.6～3.5℃。

该区域光资源丰富，昼夜温差大，有利于作物碳水化合物的形成和干物质的积累；雨热同季，生长季节气候爽凉；高温高湿炎热天气少，农产品病害轻、污染少。同时，河北坝上地区也是华北地区重要的奶牛、肉牛和肉羊养殖集中区。

饲用谷子又称青谷草或全株谷草，由狗尾草经过长期驯化而来，牲畜对饲用谷子的采食历史可以追溯到人类食用小米之前。在我国北方，也一直有种植青谷草饲喂牛羊驴马的历史。在坝上地区开展饲用谷子生产，特别是利用马铃薯倒茬地进行饲用谷子种植，具有显著的生态效益、社会效益和经济效益。一方面，坝上地区饲用谷子生产可丰富该区域饲草产品种类，提升饲草供给稳定性，保持畜牧业平稳发展；另一方面，将饲用谷子作为马铃薯倒茬作物，对于发展节水农牧业，控制农牧交错带地下水开采，具有重要的生态效益。

目前，其产品形式主要是干草和青贮制作，但由于饲用谷子多由坝上农牧民自发种植，生产缺少标准指导，仍具有小户分散、种植管理随意、产量和质量双低等缺点。同时，坝上高原大量马铃薯种植地需要倒茬种植的实情和地下水缺少的现状也需要适宜倒茬种植的耐旱作物生产技术。该技术为饲用谷子在坝上高原的规模化生产提出可行可复制的方案，能够有效提高当地饲用谷子生产效率和产品质量，减少地下水的使用量。

一、适用范围

该技术适宜在海拔大于 1 200m，积温（10℃）2 000～2 400℃的坝上高原地区种植。

适用品种：张青谷 1 号、张青谷 2 号等。

二、技术流程

（一）饲用谷子种植技术流程

一般在每年 5 月下旬至 6 月上旬播种，可适当晚播，但不可晚于 6 月中旬。田间管理过程中应检查出苗、杂草分布情况及病虫害，依据实际情况制定除草、防病、防虫方案并执行（图 2-8）。

图 2-8　坝上地区饲用谷子种植流程图

（二）饲用谷子收获和调制技术流程

在抽穗中后期刈割的坝上高原饲用谷子，蛋白含量、纤维质量和消化率均较高，适口性极佳，但干物质产量不足、水分偏高（75％左右），调制难度大；随着收获时间延迟，蛋白逐渐减少，纤维质量降低，消化率降低，适口性降低，但干物质积累增加、水分含量降低。不同调制方式下，留茬高度均控制在 10cm 左右。

牧草在收割、搬运、翻晾、堆垛等一系列手工和机械操作过程中，存在细枝嫩叶的破碎和脱落，严重时干物质损失可以达 20％～30％。因此，要选择水分在 12％～15％时进行牧草打捆作业，同时尽量减少翻动和搬运，以减轻损失（图 2-9）。

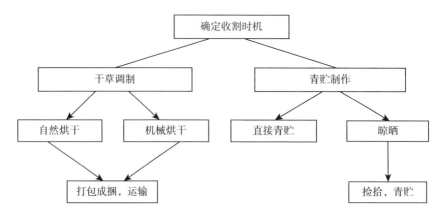

图 2-9　饲用谷子收割和加工流程图

三、技术内容

（一）种植技术

1. 种子选择

根据当地无霜期、土地条件，选择适宜品种。一般选择生育期在 90d 左右，可在 2 000℃积温下顺利抽穗，且耐旱、抗除草剂、株高叶茂且性状一致的品种。

2. 选地

选择地势高燥、通风透光好的地块。

3. 精细整地

耕翻、耙糖、镇压，耕地深度在 25cm 左右，使土壤上虚下实。

4. 施足底肥

测土施肥，在坝上高原马铃薯倒茬地推荐施用磷酸二铵 225～300kg/hm²，不施钾肥。

5. 播种期和播种量

适当晚播，5 月下旬到 6 月初播种。每公顷播量 18.75～22.5kg。

6. 田间管理

（1）检查出苗　播后 7～15d 检查出苗情况。

（2）化学除草　谷苗 4～7 叶期、杂草 4 叶前，按产品说明结合实际情况施用烯禾啶，并加入 56％2 钾 4 氯钠可溶性粉剂，可有效防除以藜、蓼、凹头苋、苣荬菜、田旋花、苍耳为优势种的一年生和多年生阔叶杂草；除草晚会影响饲草纯度，降低经济价值。

（3）防治病虫害　生长期勤查看苗情，有钻心虫、粟负泥虫等虫害时需立即开始防治，在了解当地病虫害抗药性的基础上确定药剂种类和剂量，可采用打药机或无人机喷洒。

（4）追肥　在饲用谷子拔节期，视长势情况追施尿素 10～20kg。

7. 适时收获

在扬花期至灌浆始期，初霜冻来临之前，抽穗比例 70％～90％时收获（彩图 2-28）。

（二）饲用谷子干草调制

1. 刈割

在田间抽穗谷子比例在 70％～90％开始收割，可获得产量和质量的平衡，避开降水，使用割草机割倒后就地平铺。

2. 干燥

若通过晾晒干燥，则待饲用谷子干燥到含水量 50％左右时搂成草条，草条的宽度与拟用打捆机的捡拾宽幅相一致；若采用机械干燥，则根据所用设备要求采用相应的加工流程。

3. 压捆

最后割倒的饲用谷子含水量在 14％～18％时开始捡拾压捆，作业结束后，饲草水分将降低至 12％以下。

（三）饲用谷子青贮制作

青贮制作可采用收割粉碎一体机作业。需关注收割时的干物质含量，在干物质含量 28％～38％时收割，青贮效果最佳（彩图 2-29）。

若遇特殊天气，如强霜或冰雹，可提前割倒，晾晒至适宜水分后捡拾并青贮。坝上秋季晴朗天气下，白天 6h 左右的晾晒便可以将水分含量从 80％左右调节至 70％左右。

（四）主要基础营养成分

对生长 90～95d 的饲用谷子进行收割、人工烘干、粉碎后，测定其粗灰分、粗蛋白、无氮浸出物、中性洗涤纤维、酸性洗涤纤维、木质素、钙、磷的含量（测定单位：蓝德雷饲草·饲料品质检测实验室）（表 2-10）。

表 2-10　饲用谷子主要营养成分

项目	范围	单位
干物质（收割时测定）	26.4～28.8	%，鲜重
粗灰分	5.07～9.32	%，DM
粗蛋白	12.3～15.2	%，DM
无氮浸出物	1.53～2.07	%，DM
中性洗涤纤维	48.9～55.6	%，DM
酸性洗涤纤维	29.7～35.8	%，DM
木质素	3.73～4.01	%，DM
钙	0.52～0.74	%，DM
磷	0.28～0.37	%，DM

四、操作要点

1. 播种前查看土壤墒情；出苗应避开种植所在地的春季晚霜冻，播种量根据前期土壤养分决定，土地贫瘠时应适度调减播种量。

2. 饲用谷子干草调制需使用带有压扁功能的割晒机，特别是结节处必须打开，以加快茎秆内部的水分流失。

3. 饲用谷子产量较高，晾晒调制干草时形成的草趟子较厚，需要在晾晒时择机进行翻晒，宜用侧输式搂草机。

五、效益分析

草食动物畜牧业快速发展不断加剧国内优质牧草的紧缺状况。利用肥沃耕地进行牧草种植，存在人畜争地的风险，不利于我国的粮食安全。使用节水抗旱能力较强的饲用谷子品种在农牧交错带内经济作物倒茬地和贫瘠土地进行标准化饲用谷子生产，同传统的利用胡萝卜或者玉米进行倒茬相比，每公顷可减少地下水灌溉用量至少 3 000m³，增加饲草供给量，并减少病虫害发生。

市场上全株饲用谷子干草的价格为 1 600～2 000 元/t，400mm 降雨量的旱作条件下，每公顷可产干草 12t，毛收入 19 200～24 000 元/hm²；青贮饲用谷子鲜草的价格为 650 元/t，300～400mm 降雨量的旱作条件下，每公顷可产鲜草 45t 左右，种植者毛收入 29 250 元/hm² 左右。饲草种植生产成本为 3 375 元/hm²，土地（旱地）成本 3 000～6 000 元/hm²，干草收获加工成本 2 550～3 300 元/hm²，青贮收获 750 元/hm²，青贮转运 2 250 元/hm²。干草生产净利润 6 525～15 075 元/hm²，青贮生产净利润 16 875～19 875 元/hm²。

六、应用案例

2019 年初，河北巡天草业科技有限公司联合张家口市畜牧技术推广站等单位，利用在宝昌种植的饲用谷子进行裹包青贮，饲喂肉羊，发现使用饲用谷子和花生秧等干物质按比例混合后，相比使用同等重量花生秧饲喂育肥羊，可以有效提高育肥羊生长中后期的日增重 18～37g/只，并显著提高羊肉中人体必需氨基酸、多不饱和脂肪酸和铁元素的含量；2020 年，该公司与中国农业大学和兰海牧业联合实施农业农村部优质青贮饲料开发与利用项目中的饲用谷子研究部分，发现玉米青贮和饲用谷子干草比例为 2∶8 时，饲料报酬最高，可提高肉羊胴体的净肉率；在此基础上，经过 1 年左右的方案细化，兰海牧业于 2021 年开始大规模青贮察北管理区种植的饲用谷子，着手谷草羊肉产品和品牌的打造。

七、引用标准

1.GB/T 6142—2008　禾本科草种子质量分级

2.GB 5084　农田灌溉水质标准

125

3. GB/T 8321　农药合理使用准则

4. NY/T 496—2010　肥料合理使用准则　通则

起草人：赵治海、薄玉琨

雨养旱作条件下饲草高粱生产技术

饲草高粱是以高粱全株收获作为饲草利用为目的的各种高粱属作物的统称，主要包括饲用甜高粱、苏丹草、高粱苏丹草杂交种（高丹草）三类，为禾本科一年生暖季型饲草，属高光效 C4 作物，可充分利用旱薄盐碱地种植，也可充分利用夏、秋两季的光温资源进行生长。其中：饲用甜高粱植株高大、产量高、抗性强，再生性差；苏丹草再生性好、耐刈割、叶量丰富、茎秆较细、饲用品质好，但产量相对较低；高粱苏丹草杂交种（高丹草）为高粱和苏丹草的杂交种，既具有高粱抗旱、节水、耐盐、耐瘠、高产等特点，又具有苏丹草再生性强、多茬利用特性，生物产量和饲用品质相对较优。随着农业种植结构调整以及粮改饲项目的实施，饲草高粱种植面积逐年增加。作为一种抗逆优质、能量型饲草作物，饲草高粱在我国农牧交错区也逐渐受到广大种养户的青睐。然而，生产中由于缺乏关键技术支撑，导致饲草高粱生产过程中问题不断，如引种不科学导致品种年际间差异大、稳产性差、亩产低；栽培技术不合理导致田间种植用肥、用药成本增加；收获加工技术不规范导致青贮制作质量不高、浪费现象严重等。针对上述问题，形成了标准化的饲草高粱生产技术规范，可为北方农牧交错区旱作雨养条件下的饲草高粱生产提供技术支撑。

一、适用范围

该模式适合在内蒙古通辽、赤峰，河北省张家口、承德接坝地区，晋陕北部，甘肃庆阳、平凉、定西，宁夏中南部等地区旱作雨养种植。

二、技术流程

技术流程见图 2-10。

图 2-10　雨养旱作条件下饲草高粱生产技术流程图

三、技术内容

(一) 品种选择

1. 种子准备

选择品种时，应遵循生态适应性原则，首先选择通过国家或省级审（鉴）定且适合当地的饲草高粱新品种。若没有符合当地的新品种，建议引种前先做小面积引种试验，在此基础上再大面积推广应用。因甜高粱、高丹草产草量与抗逆性比苏丹草高，建议北方农牧交错区生产中优先考虑甜高粱、高丹草种类。内蒙古通辽、赤峰地区适宜种植大力士、健宝等品种；河北张家口、承德接坝地区可选择冀草 6 号、冀草 8 号饲草高粱；晋陕北部适宜推广晋牧 4 号、晋草 8 号等品种；宁夏中南部旱作区建议选择引进品种大力士、3701、超级糖王和 CFSH30 等品种；甘肃庆阳、平凉、定西地区优先选择陇草 2 号、大卡、海牛等品种。

近几年，褐色中脉（BMR）饲草高粱因木质素含量低、消化率高，备受国内外学者关注。而河北省农业科学院旱作所率先培育出两个褐色中脉饲草高粱"三系"杂交种，冀草 6 号和冀草 8 号，突出特性表现为青贮利用时木质素含量比普通品种降低 30% 以上，饲草干物质消化率提高 19% 以上，均适合在北方农牧交错地区推广种植（彩图 2-30、彩图 2-31）。

2. 种子质量

种子要求大小均匀，籽粒饱满，纯度不低于 95%，发芽率不低于 90%，这样播种后不容易出现缺苗断垄。

3. 种子处理

选择包衣种子，未经包衣处理的种子播前需进行药剂拌种，一般需采用 40％甲基异柳磷乳油 500mL 兑水 50L，拌种 500～600kg，可防治蛴螬、蝼蛄等地下害虫。

(二) 整地与施底肥

1. 整地

播前要清除地面杂物，减少明暗坷垃。旱作地区要秋深耕、春耙糖保墒，等雨播种，趁墒抢种，力争全苗；有水浇条件的地块，播种前可进行灌水造墒。在土壤墒情合适时，采用旋耕-镇压-耙平的顺序整地，旋耕一般耕深 15cm，达到土壤细碎，地面平整即可。

2. 施底肥

结合整地，施足底肥。施底肥时，应依据土壤肥力状况及肥料效应，平衡施肥。坚持有机肥料与无机肥料相结合，坚持底肥与追肥相结合，坚持施肥与其他措施（如灌溉）相结合的原则。推荐 N、P、K 肥底施用量分别为，纯 N 每公顷 150～225kg、P_2O_5 每公顷 150～225kg、K_2O 每公顷 75～100kg。有条件的地方可底施农家肥或厩肥每公顷 45m³。

(三) 播种技术

1. 播种期

当地温连续 7d 稳定在 10℃以上即可播种。农牧交错区一般 4 月底开始播种，播种过早幼苗易遭冻害，过晚影响产量；采用覆膜种植方式可提早 10d 左右播种。

2. 播种方式

条播或覆膜播种均可。条播可采用等行距种植，行距 40～50cm；覆膜播种时可采用宽窄行种植，宽行行距 60cm，窄行行距 40cm，在窄行上覆膜播种，采用穴播，每穴留苗 2～3 株。

3. 播种量

每公顷播种量 7.5～15kg，实际播种时，若种子发芽率或土壤墒情较差，可适当增加播量。

4. 播种深度

播种深度 3～5cm，播后及时镇压。

(四) 管理技术

1. 除草

化学除草一般在播后苗前采用 38% 莠去津（阿特拉津，atrazine）悬浮剂均匀喷施地表的方式进行，用药量为每公顷 1 800～2 250g，兑水 450L，充分混匀后喷施地表。

2. 追肥

拔节期追施氮肥 1 次，纯 N 每公顷为 110～150kg，追肥最好结合降雨进行。

3. 病虫害防治

病害主要有褐斑病、靶斑病两种，发病时期集中在雨季高温季节。饲草高粱病害一般发生较轻，无须防治。全生育期虫害防治应坚持预防为主、综合防治的方针，不同时期虫害防治方法可参考表 2-11 执行。

表 2-11　虫害化学防治时期与方法

名称	防治时期	防治方法
蛴螬	种子	40% 甲基异柳磷乳油稀释 100 倍的药液拌种
蝼蛄	种子	40% 甲基异柳磷乳油稀释 100 倍的药液拌种
麦二叉蚜	苗期	10% 吡虫啉可湿性粉剂 2 000～2 500 倍液喷施，7～10d 酌情补防一次
高粱蚜	拔节期	10% 吡虫啉可湿性粉剂 2 000～2 500 倍液喷施，7～10d 酌情补防一次

(五) 收获、技术

1. 刈割时期

根据利用目的确定合理的刈割期。青饲利用一般在株高 120cm 以上至抽穗期刈割，抽穗期刈割青饲利用最好；青贮利用一般在蜡熟期或株高为 250cm 左右刈割。刈割时尽量避开雨天，防止茎叶霉烂变质。

2. 刈割次数

株高 120cm 至抽穗期刈割时，春播全年可刈割 2～3 次；蜡熟期或株高为 250cm 左右刈割时，全年可刈割 1 次。

3. 留茬高度

刈割时留茬高度为 15～20cm。

4. 收获机械

小农户青饲利用可采用普通割草机或者小型收割机进行收获，规模化青贮收获采用玉米青贮收获机收获即可，轮盘式青贮玉米收获机效果较好，对倒伏的饲草高粱不影响收获直接青贮（彩图 2 - 32、彩图 2 - 33）。

5. 青贮技术

刈割后应尽快进行加工贮存。贮存一般采取青贮，但因收获时植株水分较高，可适当晚收降低水分；饲草高粱直接青贮发酵品质一般，但添加发酵剂后饲草高粱青贮的发酵品质和营养价值会得到改善，发酵剂的选择可参考青贮玉米青贮制作时所用的发酵剂，按使用说明进行添加即可。青贮方式一般采用窖贮、拉伸膜裹包青贮（彩图 2 - 34、彩图 2 - 35）。

（六）轮作

高粱属作物忌连作，一般连续种植三年后与青贮玉米实行轮作。

（七）饲喂技术

初次饲喂时，鲜草先添加三分之一（以日粮干重折算），一周后变为各半，再一周后可增加到三分之二，以防止生理不适应造成应激反应，导致腹泻（彩图 2 - 36、彩图 2 - 37）。

四、效益分析

饲草高粱与青贮玉米同为暖季型饲草，生长季同在雨热同期，可作为青贮玉米的替代作物进行种植，与青贮玉米相比，效益明显。主要体现以下几点。

（一）经济效益

该模式在旱作雨养条件下，纯效益与青贮玉米模式相当，每公顷增收1 125 元（表 2 - 12）。抗旱性强，全生育期每公顷节水 750~1 500m³，每公顷节水 750~1 500 元；以营养体收获为主，可节省籽实产量所需要氮肥，每公顷节省尿素 150kg，节约肥料费 450 元；抗虫性强，节省农药费150 元。

（二）社会效益

该模式在农牧交错区推广，可有效缓解饲草料短缺矛盾；可为奶业提供优质饲草料支撑，可节约精料用量，有力促进奶业振兴、粮改饲政策的实施，符合农业供给侧改革需求。

（三）生态效益

与青贮玉米相比，饲草高粱节水、省肥、省药效果明显（表2-12），在北方农牧交错区推广符合绿色发展要求。

表 2-12　旱作雨养条件下饲草高粱种植效益分析

效益比较参数			饲草高粱（甜高粱、高丹草）	青贮玉米
投入		种子费（元/hm²）	600	750
	灌水	灌水量（立方米/hm²）	0	1 500
		费用（元/hm²）	0	1 500
	施肥	施肥量（kg/hm²）	复合肥750kg，尿素300kg	复合肥750kg，尿素450kg
		费用（元/hm²）	3 600	4 050
		农药费（元/hm²）	除草剂225元，杀虫剂150元	除草剂225元，杀虫剂300元
		机械费（元/hm²）	2 700	2 700
		人工费（元/hm²）	750	750
		总投入（元/hm²）	8 025	10 275
产出		产量（kg/hm²）	60 000	52 500
		价格（元/kg）	0.30	0.35
		总产出（元/hm²）	18 000	18 375
纯收入		纯收入（元/hm²）	9 975	8 100
效益比较	节支总额	经济效益	纯效益与青贮玉米模式相当，每公顷增收1 875元	
		节水（元/hm²）	每公顷节水750~1 500m³，每公顷节水750~1 500元	
		节肥（元/hm²）	每公顷节省尿素150kg，节肥450元	
		节药（元/hm²）	每公顷节省农药150元	

注：①与苏丹草相比，甜高粱、高丹草产量与抗性相对较强，因此主要分析了这两种饲草的经济效益。②表中数据为课题组近几年调研平均数据。

五、应用案例

该模式在北方农牧交错区推广坚持以畜定草、养种结合的原则，须与当地畜牧业结合，立足就地转化利用。主要采取两种模式进行：规模养殖企业采取"公司＋农户"的产业化模式；小养殖户采取种草养畜一体化模式。在山西朔州骏宝宸农业科技有限公司、宁夏西贝农林牧生态有限公司等基地的示范推广表明，田间表现抗寒耐瘠薄性强，饲草高粱平均亩产干草 1 100kg 以上，经济效益比青贮玉米每公顷增收 1 710 元，节约成本900 元。在河北隆化聚通种养殖合作社采用青贮高粱替代 2/3 玉米秸秆饲喂奶牛，产奶量提高 30％以上。河北省农业科学院旱作所采用青贮饲草高粱饲喂肉羊试验得出，青贮饲草高粱处理下的羊增重净收入为 265 元，较全株玉米净收入增加 16.6％；同时开展饲喂奶牛试验得出，青贮高丹草代替 2/3 的青贮玉米，对产奶量影响不明显。中国农业大学在内蒙古赤峰市林西县家庭牧场饲喂奶牛试验也得出，褐色中脉（BMR）饲草高粱替代青贮玉米处理下的奶牛产奶量与青贮玉米处理无明显差异。综合示范表明，种植饲草高粱可使企业优质牧草供应比例提高 20％以上，饲草供应在数量、质量上均能得到保证，饲喂效益平均提高 11％。

六、引用标准

1. GB/T 6142—2008　禾本科草种子质量分级
2. NY/T 496—2010　肥料合理使用准则　通则
3. NY/T 1276—2007　农药安全使用规范　总则
4. DB13/T 1770—2013　高丹草栽培技术规程
5. DB62/T 4321—2021　饲用高粱　陇草 2 号

起草人：李源、游永亮、赵海明、武瑞鑫

第三章

草田轮作/复种/混播模式

河套地区葵前麦后饲用
燕麦填闲种植技术

"葵前"即向日葵种植前，河套地区为 3 月中下旬到 6 月上旬这段时间；"麦后"即小麦收获后，即 7 月上旬到 10 月底这段时间。河套地区地处内蒙古自治区西部黄河灌区，热量充盈，日照充足，无霜期 135～145d，属于春种夏秋收获"一季有余，两季不足"的地区。该地区每年向日葵种植面积 23.33 万 hm^2 左右，随着向日葵晚播技术的应用，葵前有80 余天的空闲种植时间，但目前可选择种植的作物较少；小麦种植面积6.67 万 hm^2 左右，麦后复种模式已开展多年，例如复种白菜、西兰花、豆类等，取得了一定成功，也存在一些问题。如大面积种植白菜存在难以存储、价格不稳定问题；种植西兰花难以实现机械化采收，人工成本高；复种豆类也是一种趋势，然而如果遇到恶劣天气，霜降提前来临，会面临收获不稳定等问题。饲用燕麦属于优质禾本科作物，饲用价值高，适口性好。早春、夏秋空闲耕地资源丰富，光、热、水资源充足，具有复种饲用燕麦的良好条件，而且整地、播种、收割、翻晒、打捆、拉运等都可机械化操作，有利于规模化生产。饲用燕麦能耐－3℃的低温，在葵前麦后闲田种植饲用燕麦，一方面可增加饲草产量，另一方面避免了粮经草争地的问题，同时可提高耕地利用率，改善生态环境。由一年一季变成一年两季，使长期"粮-经"二元种植结构转变为"粮-经-草"三元种植结构，为河套灌区种植业的良性循环增加了选择，开辟了饲草生产的新途径，为草畜业发展提供饲草保障。

一、适用范围

该技术适用于内蒙古自治区中西部，年>5℃的积温达 3 500℃，具有井黄双灌条件的地区。

二、技术流程

选择土地平整、盐分含量≤3g/kg，pH≤8.0 且具备井黄双灌条件的葵前麦后地块，施入充足底肥。葵前在 3 月初，麦后在小麦收获后及时灭茬播种，进行大田常规管理，分别在 3 叶期、拔节封垄期、孕穗期灌水，分别于 6 月 10 日左右、10 月中旬收获，根据需要可进行干草调制和青贮加工。燕麦收获后及时进行田间整地，去除麦秸残留，为下茬播种向日葵做准备（图 3-1）。

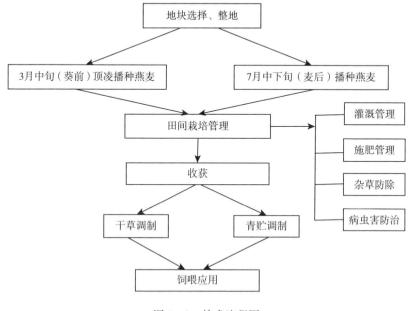

图 3-1 技术流程图

三、技术内容

(一)地块选择

选择盐分含量≤3g/kg,pH≤8.0 的葵前麦后地块,且具备井黄双灌条件。

(二)种子准备

1. 品种选择

选用适应当地自然生态条件的优质、高产、中早熟饲用燕麦品种,如加燕 2 号、青引 2 号、美达、领袖等(彩图 3-1、彩图 3-2)。

2. 种子质量

应选用符合 GB 6142 规定的二级以上(含二级)的种子(表 3-1)。

表 3-1 种子质量

净度	发芽率	种子用价	水分	其他植物种子数
≥95.0%	≥85%	≥80.7%	≤12.0%	≤500 粒/kg

3. 种子处理

选择晴好天气晾晒种子 3~4d,厚度 3~5cm,用以杀菌和提高发芽率。

(三)整地

1. 葵前整地

土壤解冻 5~10cm 时(约 3 月初),浅旋耕、耙糖、镇压,达到土块细碎、地面平整、上虚下实,待播。

2. 麦后整地

小麦收获后及时灭茬、深翻 20cm 以上,翻后浇水,待机械能够作业时旋耕、耙糖、镇压碎土块,平整土地。

(四)播种

1. 播种时间

(1)葵前播种时间 3 月中下旬(土壤解冻到 5~10cm)时顶凌

播种。

（2）麦后播种时间　小麦收获后及时灭茬播种，一般在8月初播种。

2. 播种量

180～225kg/hm²。

3. 播种方式

采用机械条播，行距12～18cm。

4. 播种深度

3.0～5.0cm，播种均匀无断条，覆土均匀、不露籽，播后镇压。

（五）田间管理

1. 灌溉

黄灌区全生育期灌水3次，分别于3叶期及时灌第一水，拔节封垄期灌第二水，孕穗期灌第三水。具体安排根据燕麦生长情况和地下水补给情况适时灌水。灌溉水质标准应符合GB 5084的规定。

2. 施肥

播种时可实行测土配方施肥。推荐施种肥磷酸二铵300～375kg/hm²。随第一水追施尿素150～300kg/hm²。若长势较差，可随第二水追施尿素150～225kg/hm²。施肥应符合NY/T 496的规定。

3. 杂草防除

可采用人工或化学除草。田间杂草较多，可在杂草3～5叶期使用75％的噻吩磺隆悬浮液45g/hm²兑水450kg，或2甲4氯粉剂750g/hm²兑水750kg，选择晴天、无风、无露水时喷雾。农药使用应符合GB/T 8321的规定。

（六）收获利用

1. 收获

葵前于6月10日左右天气晴朗时刈割，麦后于10月中旬刈割。留茬高度不大于5cm（彩图3-3）。

2. 利用

采用割草压扁机收获，最佳刈割时期为初花期至乳熟期，刈割后待干燥到含水量 17% 以下压成方形或圆形干草捆（彩图 3-4）；也可作为青贮饲料单独青贮或者与紫花苜蓿、玉米秸秆、葵花秆等饲草料混合青贮，以青贮包或青贮窖的形式青贮；或者直接青饲。

四、操作要点

1. 由于向日葵耐盐碱，是盐碱地上的"先锋作物"，能种植向日葵的地块不一定能种植饲用燕麦，在选择向日葵前闲田种植饲用燕麦时，应选择盐分含量≤3g/kg、pH≤8.0 的地块种植饲用燕麦。

2. 小麦收获后及时灭茬、深翻，深翻需在 20cm 以上，旋耕、耙糖压碎土块，平整土地后及时播种，时间越早越好，增加饲用燕麦种植时间。

3. 由于饲用燕麦前茬种植的小麦也属禾本科，连年种植会严重影响产量，所以麦后复种饲用燕麦最多三年就要倒茬轮作。

五、效益分析

（一）经济效益

2014 年至今，团队经过不断研究探索，先后引进国内外饲用燕麦品种 30 多个，主要研究了饲用燕麦品种比较、种植方式、栽培技术、收贮、不同生长刈割期营养成分分析及综合配套技术的研究与示范，在全市五个旗、县、区布点实施河套地区葵前麦后闲田复种优质饲用燕麦研究试验示范，筛选出了适宜河套灌区种植的春性与秋性的高抗、优质和高产饲用燕麦品种有加燕 2 号、美达、青引 2 号等，并形成了葵前麦后填闲种植饲用燕麦高产栽培技术规程。截至目前，葵前麦后种植饲用燕麦面积达 7 658.67hm²，其中磴口县 1 096.67hm²、杭锦后旗 4 133.33hm²、临河区 1 102hm²、五原县 380hm²、乌拉特后旗 193.33hm²、乌拉特中旗 753hm²，为全市提供优质饲用燕麦 6.32 万 t，创造经济效益 7 122.56 万元（表 3-2）。

表3-2 单位面积经济效益分析表

	项目	单位	计算价格	干草亩产（t/hm²）	金额（元）
产出	燕麦干草	元/t	2 000	8.25	16 500
投入	劳动用工（整地、播种、收获等）	元/hm²	3 750	—	3 750
	物质投入（化肥、种子、农药等）	元/hm²	2 400	—	2 400
	其他投入（水、电等）	元/hm²	1 050	—	1 050
	小计	元/hm²	—	—	7 200
	新增纯收益	元/hm²	—	—	9 300

（二）社会效益

葵前麦后种植饲用燕麦模式的成功推广，不仅可以从"一季有余，两季不足"变成"一年两季"，增加一季优质饲草收入，而且葵前种植饲用燕麦不抢占耕地，大大提高土地的利用率，种植一茬燕麦对于连年种植向日葵的土地来说能起到倒茬的作用，有利于土壤改良。麦后复种饲用燕麦可以有效地利用麦后的光热资源，为扩大小麦种植面积、调整种植业结构、提高小麦种植综合效益开辟了一条新的途径；而种植饲用燕麦相比于种植其他农作物受自然灾害影响小；春闲田种植的饲用燕麦不影响中小日期葵花的生长成熟收获；早春和麦后播种燕麦收割时期正好不在雨季，有利于晾晒收贮，同时开辟了饲草生产新途径。

近年来，巴彦淖尔市肉羊养殖量一直在2 200万只以上、奶牛14.5万头、肉牛7万头，优质饲草缺口较大。随着河套灌区畜牧业的快速发展和养殖规模的不断扩大，优质牧草需求量也在不断增加，特别是优质禾本科饲草严重短缺，使河套地区草畜规模化养殖，提质增效等方面受到严重制约。葵前麦后种植饲用燕麦模式的推广，能够有效解决巴彦淖尔市快速发展的牛、羊产业所需优质禾本科牧草品质低和产量不足的问题，使原先因饲草季节性短缺造成的牲畜冬瘦、春死现象得到极大改善，同时通过"企业＋农户"的合作模式，企业与农户签订种植订单，有效提高了农民家庭种植经济效益，帮助周边贫困户增收致富，为巴彦淖尔市脱贫攻坚工作提供有力支撑。

（三）生态效益

河套地区是黄河流域最大的引黄自流灌区和现代农业发展最具潜力的地区，山水林田湖草沙生态要素齐聚，生态地位十分重要，在黄河流域生态环境保护中具有特殊的地位和作用。巴彦淖尔市天然草原总面积 7 916 万亩，其中可利用草场面积 455.87 万 hm^2，占天然草原总面积的 86.38%。随着经济的发展和人口的增长，超载放牧、滥垦乱伐以及风沙、沙尘暴、干旱等人为因素和自然因素导致巴彦淖尔市草场退化、沙化严重。全市退化草场已占可利用草场总面积的 40%，退化草场牧草高度下降 20%，产草量下降 50%，载畜能力下降 50%。按照《内蒙古自治区天然草原适宜载畜量计算标准》推算，$6.67hm^2$ 草原能承载 2~3 只羊，巴彦淖尔市牧区草原适宜载畜量为 171 万左右绵羊单位。据统计，2021 年巴彦淖尔市全市牲畜饲养量 2 496.55 万（头只），参照目前规模养殖场的饲草料配方标准，保守测算，全市每年需要粗饲料 350 万 t 以上，草原的承载力远远不够支持巴彦淖尔市畜牧产业的发展。利用葵前麦后闲田种植饲草，避免粮草争地，在不影响向日葵、小麦粮食作物产量的前提下，再收获一茬优质燕麦草，增加绿色覆盖时长 80 多天，对于种植向日葵、小麦的地表覆盖度提高 21.92%，不仅可以促进当地农业畜牧业良性可持续发展，还能够增强生态环境保护的稳定性、长效性，有利于提升巴彦淖尔市黄河流域生态系统质量，实现绿色高质量发展。

六、应用案例

杭锦后旗太平乳业有限责任公司于 2015 年发展麦后种植饲用燕麦生产模式，陆续生产 7 年，累计种植超 670hm^2，收获的燕麦干草产量 13 500kg/hm^2，青贮燕麦产量达 52 500kg/hm^2。除此之外，根据饲草基地保障建设项目，燕麦草建设单元达到 20hm^2 以上即可对优质燕麦草草田按照每年每公顷 1 500 元标准给予补助。

该公司奶牛存栏 4 000 余头，自产优质燕麦草主要用于围产期奶牛和小牛犊饲喂，该公司自有土地 130hm^2，种植燕麦成本 7 200 元/hm^2，收入 16 500 元/hm²，投入产出比达 43.64%，每年新增纯收益达 120.9 万元，并每年收购周围农户燕麦干草 330 万 t，不仅带动周围农户增收，而且节约了养殖成本，实现了种养一体化。

七、引用标准

1.GB 5084—2021　农田灌溉水质标准
2.GB 6142—2008　禾本科草种子质量分级
3.GB/T 8321　农药合理使用准则
4.NY/T 496—2010　肥料合理使用准则　通则七、应用案例（新增）

起草人：刘琳、徐广祥

科尔沁沙地冬黑麦-青贮玉米/青贮高粱复种轮作模式

科尔沁沙地地处西辽河平原，由于几十年来过垦过牧及气候的变化，致使土地沙化、生态环境严重失衡。科尔沁沙地属干旱半干旱生态区，土质属于松散的沙性土壤，沙地面积约为 6.63 万 km²。随着畜牧业供给侧改革的深入推进，我国北方农区畜牧业在农业三元结构和"粮改饲"政策的推动下，畜牧业迅速发展，对饲草品质和数量上需求逐渐增加，在畜牧业亟待转型升级和提质增效的情况下，针对科尔沁沙地饲草产业发展提出了冬黑麦复种轮作饲草生产模式。

黑麦为禾本科黑麦属一年生草本植物，抗寒性强，尤其在春天，冬黑麦返青早，提前进入生长季，长势强，青贮饲草和干草品质好且产量高，极大解决了饲草季节性供给不平衡，为提高畜牧业饲草供给牲畜良好生长奠定了基础。在该地区由于玉米和青贮玉米连作导致的土壤营养利用不均、生产性能下降、病虫害加重，限制着饲草产量和品质，从而阻碍该地区实现草畜一体化进程。风蚀是影响科尔沁沙地可持续农业系统和生态安全的主要限制因素之一。冬末春初，风势大，主要作物缺乏，土壤易受风蚀影响。据调查，2001—2016 年，科尔沁沙地的年平均风蚀量为 5.50t/hm²，强风蚀主要发生在 3—5 月，占每年侵蚀总量的 67.95%。冬黑麦还在保护性耕作系统中起到一定的保护作用，极大地缓解了沙尘天气的发生，同时实现地表覆盖，减少表土的风蚀，有助于地力的提升，也保护了环境，具备较高的生态效益，符合生态优先、绿色发展理念。

黑麦复种轮作饲草技术模式主要研究秋季种植冬黑麦耐寒饲草，翌年 6 月上旬或更早进行青贮或晒制干草，收获后轮作青贮玉米、青贮高粱等作物，充分利用土壤、光热等气候条件。一方面，极大促进了科尔沁沙地生态效应循环。另一方面，为养殖企业或养殖户，提供科学的饲草种植配比，提高单位面积产草能力和品质，为规模化养殖提供科学高效的饲草种植模式，为推进农牧产业现代化发展助力。同时，促进了土壤改良与地质提升。

一、适用范围

该技术适用于科尔沁沙地等半干旱有灌溉条件的地区，≥10℃活动积温 1 900～3 200℃，无霜期在 90～150d，平均降水量可达 300～400mm。降水量多集中于 7—9 三个月。

二、技术流程

选择土地平整或局部平整、肥力中等、具有灌溉条件的地块，进行田间精细整地，施入充足底肥。当年的 9 月中下旬播种强冬性冬黑麦，11月上中旬浇灌越冬水，翌年 3 月中下旬冬黑麦返青，进行大田常规管理，在冬黑麦的抽穗开花期间（6 月上旬）收获，根据需要可进行干草调制和青贮加工。冬黑麦收获后及时进行田间整地，去除麦秸残留，为夏茬播种青贮玉米和青贮高粱做准备，播种后进行大田常规管理，在玉米籽粒的乳熟末期至蜡熟初期进行收获。高粱在霜冻前选择晴朗天气收获，避免因堆积过多而发热，影响品质（图 3-2）。

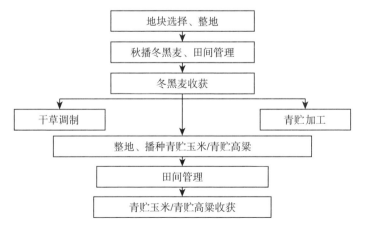

图 3-2 科尔沁沙地黑麦复种轮作青贮玉米/青贮高粱技术流程图

三、技术内容

(一) 地块选择

选择土地平整或局部平整、肥力中等、具有灌溉条件的地块。

(二) 种子准备

1. 品种选择

选用适应当地自然生态条件的优质、高产、营养价值高、适口性良好的冬黑麦 (白 BK - 1)、青贮玉米 (鼎玉 678、TK601)、青贮高粱品种 (辽甜 1 号、辽甜 13)。

2. 种子质量

(1) 冬黑麦种子质量　应选用符合 GB 6142 规定的二级以上 (含二级) 的种子 (表 3 - 3)。

表 3 - 3　黑麦种子质量

净度 (%)	发芽率 (%)	种子用价 (%)	水分 (%)	其他植物种子数 (粒/kg)
≥95.0	≥85	≥80.7	≤12.0	≤500

(2) 青贮玉米、青贮高粱的种子质量　应选用符合 GB 4404.1 规定的种子 (表 3 - 4、表 3 - 5)。

表 3 - 4　青贮玉米种子质量

净度 (%)	发芽率 (%)	纯度 (%)	水分 (%)
≥99.0	≥85	≥97.0	≤13.0

表 3 - 5　青贮高粱种子质量

净度 (%)	发芽率 (%)	纯度 (%)	水分 (%)
≥98.0	≥75	≥98.0	≤13.0

3. 种子处理

(1) 精选种子　剔除小粒、秕粒、碎粒、霉粒和虫粒,并测定种子的芽势和芽率。

(2) 晒种　播种前，晒种 2～3d，选择晴天把种子薄薄地摊开，并经常翻动种子，增加温度，提高种皮通透性，增强种子内部酶活性，打破种子休眠期，提高种子出芽和成苗率，同时晒种能杀灭种子病菌，减轻病虫害的发生。

(3) 种子包衣　青贮玉米和青贮高粱种子进行包衣处理选用符合 GB/T 8321 的包衣剂，可以有效防治地下害虫和丝黑穗病，确保成苗率。人员安全符合 NY/T 1276 规定。

(三) 整地

1. 麦前整地

前茬作物收获后，播种冬黑麦前精细整地，达到平整或局部平整，一般耕层要达到 20cm 左右。耕翻地时，同时均匀施入充足底肥，实现全层施肥。

2. 麦后整地

在冬黑麦收获后及时整地，去除麦秸残留，同时按品种密度要求进行青贮玉米或青贮高粱精量播种，争取更长的有效生长期。

(四) 播种

1. 播种时间

冬黑麦于当年 9 月中旬至下旬播种；青贮玉米、青贮高粱于翌年 6 月上中旬播种。

2. 播种量

冬黑麦播种量为 150kg/hm²；青贮高粱 11.25kg/hm²；青贮玉米 37.5kg/hm²。

3. 播种方式

冬黑麦机械条播；青贮玉米、青贮高粱机械精量播。

4. 播种深度

冬黑麦播种深度为 2～3cm；青贮高粱 3～4cm；青贮玉米 4～5cm。

5. 播种密度

冬黑麦播种密度为 450 万株/hm²；青贮玉米 75 000 株/hm²；青贮高

梁 90 000 株/hm²。

6. 播种行距

冬黑麦播种行距 15cm；青贮玉米 60cm；青贮高粱 50cm。

（五）田间管理

1. 灌溉

冬黑麦播种后可进行畦灌、喷灌，11 月上中旬浇冻水。青贮玉米、青贮高粱播种后进行浅埋滴灌或畦灌，生长期遇旱及时灌溉。

2. 施肥

冬黑麦底肥磷酸二铵或复合肥 225kg/hm²，在拔节期、抽穗前各进行一次追肥，尿素 150kg/hm²（彩图 3 - 5）。青贮玉米种肥磷酸二铵或复合肥 300 kg/hm²，追肥尿素 300kg/hm²。青贮高粱种肥磷酸二铵或复合肥 225 kg/hm²，追肥尿素 225kg/hm²。

3. 中耕除草

玉米、高粱在播种后进行化学除草。在青贮玉米 3～5 叶期，杂草 2～4 叶期喷施烟嘧磺隆、莠去津等除草剂，除草剂要科学使用，避免量大残留对下茬作物产生药害。青贮高粱苗后 4～5 叶期，使用 10% 喹草酮悬浮剂 155g（a.i）/hm² + 38% 莠去津悬浮剂 855g（a.i）/hm² 复配使用，用水量 450L/hm²，均匀喷洒到高粱田。

4. 病虫害防治

冬黑麦在开花前期喷施高效氯氰菊酯防治黏虫。

（六）收获利用

1. 饲草收获

（1）冬黑麦收获　最适收获期一般在饲草的抽穗开花期间（6 月上旬），制作青贮或调制干草营养价值和产量最佳（彩图 3 - 6）。

（2）青贮玉米收获　最适收获期一般在玉米籽粒的乳熟末期至蜡熟初期，收获青贮同时进行，含水量在 65%～70% 时收获，可获得产量和营养价值的最佳值。

（3）青贮高粱收获　收获时应选择晴好天气，避开雨天收获，并做到随时收获随时完成加工贮藏，避免因堆积过多而发热，影响品质。

2. 饲草利用

冬黑麦可青贮和晒制干草，玉米、高粱青贮处理。青贮方式有：

（1）农村小窖池　养殖规模小的养殖户应用较多。

（2）打包青贮（少部分）　以合作社、牧场、种植大户为主，主要用于订单、储存、外销。

（3）大型窖池（2 000m³ 以上）　大型养殖户、专业合作社、大型养殖企业为主。

四、操作要点

1. 制作青贮饲料的最适环境温度应控制在 19～37℃。

2. 每次开封取青贮饲料后应迅速做好密封，避免青贮饲料与空气长时间接触而出现霉变。

3. 冬黑麦一定要在 9 月中旬至下旬播种，冬黑麦种子要经历春化，苗期越冬，才能抽穗开花；若冬天有覆盖雪层 10cm 以上的地区更有利冬黑麦越冬、返青和生长。

4. 青贮玉米最佳收获时期为籽粒乳熟末期至蜡熟初期（即籽粒乳线位置乳线 1/2），全株水分含量在 65％～70％。水分含量过低会造成原料不宜压实，空气滞留造成原料霉变，不利于乳酸菌生长；水分含量过高会造成青贮大量排汁。

5. 青贮高粱最佳收获时期为籽粒乳熟期，收获后立即粉碎青贮，注意青贮原料中要有足够的糖分，这样才能保证乳酸菌的发酵。

五、效益分析

（一）经济效益

土壤肥力中等，大田常规管理。上年 9 月份种植冬黑麦，当年 6 月收获，冬黑麦－夏玉米轮作鲜草总产量为 93 000kg/hm²，总产值为 37 200 元/hm²，利润为 23 250 元/hm²，比单春播青贮玉米鲜草总产量高出 25 500kg/hm²，总产值高出 10 200 元/hm²，利润高出 4 050 元/hm²。冬黑麦-夏高粱轮作鲜草总产量为 105 000kg/hm²，总产值为 42 000 元/hm²，利润为 29 700 元/hm²，比单春播青贮高粱鲜草总产量高出 30 000kg/hm²，总产值高出 12 000 元/hm²，利润高出 5 550 元/hm²。鲜草产量一般在 45 000kg/hm² 左右，夏茬播种青贮玉米鲜草产量为 48 000 kg/hm² 左右，夏茬青贮高粱鲜草产量 60 000kg/hm² 左右，每公顷增加效益 4 050～5 550 元，经济效益显著（表 3－6、表 3－7）。

表 3－6　饲草经济效益对照

	冬黑麦鲜草产量（kg/hm²）	玉米鲜草产量（kg/hm²）	高粱鲜草产量（kg/hm²）	鲜草平均单价（元/t）	总产值（元/hm²）	利润（元/hm²）
冬黑麦-夏玉米轮作	45 000	48 000	—	400	37 200	23 250
冬黑麦-夏高粱轮作	45 000	—	60 000	400	42 000	29 700
春播青贮玉米	—	67 500	—	400	27 000	19 200
春播青贮高粱	—	—	75 000	400	30 000	24 150

表 3－7　饲草种植成本

	整地播种（元/hm²）	种子（元/hm²）	除草剂（元/hm²）	防虫（元/hm²）	肥料（元/hm²）	收获（元/hm²）	灌溉（元/hm²）	投入（元/hm²）
冬黑麦	750	1 500	300	450	1 650	1 050	1 200	6 900
冬黑麦-夏玉米轮作	750	900	450	450	2 700	1 050	750	7 050
冬黑麦-夏高粱轮作	750	450	450	450	1 500	1 050	750	5 400
春播青贮玉米	750	900	450	450	2 700	1 050	1 500	7 800
春播青贮高粱	750	450	450	450	1 500	1 050	1 200	5 850

（二）生态效益

2022 年 3 月底到 5 月初在科尔沁沙地采用集沙仪定点观测土壤风蚀，结果表明，风蚀物主要集中在 0～40cm 高度范围内且 0～20cm 输沙量最多，平均占总输沙量的 50% 以上，40cm 以上各样地输沙量显著降低；受不同耕作方式影响，秋季玉米收获后，轮作越冬覆盖作物冬黑麦，来年返青后，在 0～40cm 高度范围内，输沙量无覆盖（裸地）最高，玉米留茬和秸秆覆盖其次，冬黑麦覆盖最低，整体上抗风蚀效果表现为冬黑麦覆盖＞玉米留茬和秸秆覆盖＞无覆盖（裸地）。科尔沁沙地冬黑麦-青贮玉米复种轮作技术模式极大促进了科尔沁沙地生态效应循环，保护和改善了区域生态，形成立草为业、草牧并举、草畜一体化的良性循环发展格局。

农田土壤风蚀主要发生在冬春土壤裸露程度最高时期，裸露耕地常年风蚀量是草地的 14.5 倍，春季起尘量占全年起尘量的 50% 以上，每年每公顷流失 N 24～48kg、P_2O_5 18～35kg、K_2O 25.2～50.4kg。土壤风蚀导致科尔沁地区农田退化，造成土壤有机质损失量为 19～60t/km^2；土壤日有机碳和氮素损失量平均为 1.52g/kg 和 0.15kg/hm^2，土地生产力受到严重影响。利用冬黑麦-青贮玉米/青贮高粱饲草轮作模式，充分提高土地利用率，增加作物覆盖土地时间与覆盖度。土壤表面不同形式的覆盖物由于隔断了风、水等侵蚀因子与土壤的直接接触，能够有效减少风雨侵蚀所造成的水土流失，保护耕地和环境，有利于提高作物产量。这种增产作用不仅在于覆盖作物的轮作倒茬能平衡土壤养分，还在于能够减轻病、虫、杂草的危害，进一步缓解氮素平衡，有助于改善土壤容重和孔隙度状况，增加有机质含量。

（三）社会效益

该种植模式的推广改善了农牧民连作且大面积单一种植玉米和青贮玉米获得饲草的种植方式，冬黑麦-青贮玉米/青贮高粱饲草轮作种植新模式开拓了农牧民种植饲草新模式，解决了农牧民养殖饲草不足的问题，增加了农民的收入。开鲁县林辉草业种植有限责任公司在 2021 年开展冬黑麦-青贮玉米/青贮高粱饲草复种模式研究工作，种植面积在 80hm^2 左右。试验对保护性耕作起到良好的效果，冬黑麦复种饲草作物提高了土地利用率、增加了土地覆盖时间、保护了环境，促进畜牧业的发展，为实现乡村振兴和畜牧产业发展助力。

六、应用案例

2020 年内蒙古通辽市农牧科学研究所开展冬黑麦-青贮玉米、青贮高梁饲草轮作模式研究工作。在 2020 年 9 月种植冬黑麦 1.33hm²，2021 年 6 月分 5 期收获冬黑麦饲草，6 月上中旬鲜草产量和品质较好，鲜草42～52.5t/hm²，干草 7.5～15t/hm²；6 月下旬以后收获干草产量和品质较好，鲜草 22.5～34.5t/hm²，干草 10.5～18t/hm²。夏茬种植青贮玉米和青贮高粱，在青贮玉米和高粱乳熟末期和蜡熟初期进行收获，青贮玉米鲜草产量 51～57t/hm²，青贮高粱的鲜草产量 645～720t/hm²。通过饲草轮作种植模式，总产量比常规春播青贮玉米、青贮高粱种植模式提高了 12t/hm²，纯收益比常规的增加了 6 750 元/hm²。不仅充分利用土壤和环境资源，提高饲用作物产量、品质，促进农牧交错地区畜牧业生产，还可以减少土壤风蚀保护环境，促进土壤肥力提升，提高了经济效益、生态效益和社会效益。

2021 年 9 月，内蒙古通辽市农牧科学研究所继续开展研究工作，种植面积 1.33hm²。带动通辽市开鲁县润禾丰现代科技家庭农场开展冬黑麦-青贮玉米/青贮高粱饲草轮作模式，种植面积 100hm²，秋季冬黑麦长势良好，加上冬季大雪覆盖，来年有望获得丰产，预计鲜草产量达到 5 000t/hm²。

七、引用标准

1. GB 6142—2008　禾本科草种子质量分级

2. DB15/T 1335—2018　玉米无膜浅埋滴灌水肥一体化技术规范

3. GB/T 8321.1—2000　农药合理使用准则（一）

4. NY/T 1276—2007　农药安全使用规范总则

起草人：王显国、王振国、张玉霞、刘庭玉、崔凤娟、吕静波

黑龙江青贮玉米与秣食
豆混播生产技术模式

青贮玉米生物产量高、适口性好、消化率高，是家畜青贮饲料的主要来源。但是青贮玉米的蛋白质含量低，营养价值有待改善，而豆科牧草产量和含糖量较低，蛋白质含量高，二者混播可取长补短。秣食豆与根瘤菌形成共生固氮体系，固定大气中游离的氮素提供给青贮玉米；秣食豆是短日照植物，且耐阴性较强，能够有效增加茎叶产量。青贮玉米与秣食豆混播不仅能提高青贮饲料的营养品质，还能有效提高产草量。

该技术将青贮玉米与秣食豆进行混合播种，可适用于黑龙江省青贮玉米和秣食豆混播人工草地的建设。

一、适用范围

该技术适用于黑龙江省第一积温带、第二积温带和第三积温带地区。

二、技术流程

选择青贮玉米和秣食豆适宜品种，播前结合翻耕施底肥；播后视天气情况定期浇水、除杂草、防病虫害等田间管理与一般大田普通玉米相同。于当地青贮玉米正常收获时期收获（图 3 - 3）。

三、技术内容

（一）地块选择与精细整地

1. 地块选择

土壤含盐量 $0.2\%\sim0.5\%$、pH $6.8\sim8.0$ 的壤土或沙壤土地块。可选择前茬未使用长残性除草剂的大豆、小麦、马铃薯或籽粒玉米等茬口。

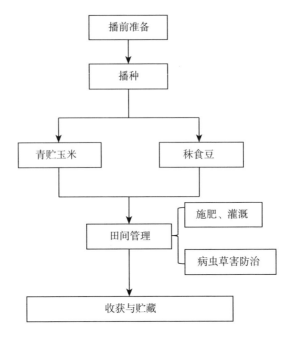

图 3-3 青贮玉米秫食豆混播生产技术流程图

2. 精细整地

青贮玉米耕深一般以 25～35cm 为宜，具体耕作要因地制宜，凡上沙下黏或上黏下沙、耕层以下紧接着有黏土层的，可适当深耕，以便沙黏结合，改造土层；如果土较薄，下层为沙砾或流沙，则不宜深耕。

（1）秋翻 秋季耕翻有利于杀死病虫卵，清除杂草，深埋根茬，可加强有机质分解和迟效养分的释放。黑龙江省秋翻适期在 10 月 15 日至 11 月末，土壤表层结冻 0.3cm 厚度，这样经过冬春冻融，有利于促进土壤熟化，改善土壤物理性状，有利于冻死虫蛹，减轻虫害；有利于积蓄雨雪，减少地表径流，提高蓄水保墒能力；有利于土肥相融，提高土壤肥力。

（2）春耕 3 月中下旬地表解冻后，结合整地深施经过充分腐熟的有机肥 45～60m³/hm²、磷酸二铵 375～450kg/hm²。

（3）起垄 起垄要结合实际采取相应的栽培模式，垄宽可设 65～70cm，视土壤墒情镇压，达到播种状态。

（二）品种选择及其播前处理

1. 适用品种

不同地区适宜品种见表 3-8。

2. 种子质量

选择适合当地种植的青贮玉米品种，准备足量的青贮玉米种子和秣食豆种子进行精选，并做种子的发芽率测定。

表 3-8　不同地区适宜品种推荐

地区	青贮玉米推荐品种	秣食豆推荐品种
第一积温带（2 700℃）	龙辐玉 5 号、京科 968、龙牧 7 号	松嫩秣食豆、牡丹江秣食豆
第二积温带（2 500℃）	阳光 1 号、龙巡 32、裕丰 303	松嫩秣食豆、牡丹江秣食豆
第三积温带（2 300℃）	鑫鑫 1 号、德美亚 1 号	松嫩秣食豆

3. 品种熟期

要比当地活动积温低 150℃左右。

4. 抗倒伏

茎秆韧性好，株高适中（280～350cm），结穗高度 90～100cm。

5. 多品种搭配

利用花粉直感效应，可提高抗灾能力，并增产 5% 左右。

6. 调整品种结构

选种熟期不同的品种可实现错期收获，建议选用早熟品种 20%～30%，中熟、中早熟品种占 50%～60%，晚熟品种 10%～20%。

（三）播种技术

1. 播种时间

4 月下旬至 5 月上中旬播种。一般当土壤 10cm 地温稳定在 10℃以上即应进行抢播。

2. 播种

把精选后符合标准的青贮玉米种子和秣食豆种子按 3：1 的比例均匀混合，把 2BJ 播种机的播种量调整到 37.5～45kg/hm²，株距 25～30cm，选择适宜的播种期进行田间播种，播后及时镇压。

青贮玉米和秣食豆的播种深度一般以 5～6cm 为宜。墒情较好的黏土应适当浅播，以 4～5cm 为宜。疏松的沙质壤土应适当深播，以 6～8cm 为宜，但最深不宜超过 10cm。如土壤水分较大，不宜深播，土干则应适当深播（彩图 3-7）。

3. 施用种肥

如果青贮玉米和秣食豆混播种后未及时浇水，种肥施肥量一般不超过 375kg/hm²，在出苗后 5～7 片叶时，再穴施 150～225kg/hm²。如能及时浇水，而且保证种肥间距离 5cm 以上时，种肥量 400～600kg/hm²。可以在播后 1～3d 浇蒙头水，保持土壤墒情，减少烧种、烧苗。

（四）田间管理技术

1. 中耕

苗期一般可中耕 2～3 次，深度掌握先浅后深的原则，结合间苗、定苗第一次中耕宜浅，以 3～5cm 为宜；第二、第三次中耕应在定苗后到拔节前结合第一次追肥进行，深度以 6～12cm 为宜。大喇叭口期结合第二次追肥进行大培土，以促进支持根的大量发生。

2. 追肥

在施足底肥的基础上，追肥必须做到前轻、中重、后补的原则。即玉米 4～5 叶期结合中耕除草每亩施 10～15kg 硝酸铵作提苗肥；大喇叭口期每亩追施 20～30kg 硝酸铵作攻苞肥；抽雄后上部叶片发黄的要抓紧时间每亩追施硝酸铵或尿素 10kg，以满足籽粒发育的需要。

3. 灌溉

青贮玉米全生育期内一般需要灌水 5 次，一般拔节前灌头水，之后间隔 15～20d 灌水 1 次，喇叭口期、灌浆期灌水量要大。结合头水和二水分别追施尿素 300～375kg/hm²。玉米生长后期降雨天气增多，灌水量勿大，灌水时避开大风天气，以免发生倒伏。总灌水量为 3 000～3 300m³/hm²，另外具体灌水次数要与当时、当地的降雨量相结合。

4. 杂草防除

选用丙炔氟草胺（1 800g/hm²）＋乙草胺（1 500mL/hm²）混用组合，除草效果好，虽对玉米和秣食豆有轻微药害，但能很快恢复正常生长，对后期生长没有不良影响。

结合第一次中耕除草进行间苗和定苗，间苗主要针对青贮玉米，秣食豆可不间苗，特别是不要把秣食豆误认为杂草进行铲除。对蒿、藜、苋及稗草类杂草重点清除，铲地后要及时趟地覆土。

在苗齐并达到8～15cm时进行一次人工除草和蹚地，在株高达到40～50cm时进行第二次中耕除草，同时进行追肥（尿素225～300kg/hm²）。

中耕管理3次，前两遍用杆齿或双翼铲，最后一遍用培土铲培土。在玉米0～1片展开叶期进行第一遍深松、增温、保墒、松土、灭草作业；在玉米2～3片展开叶期进行第二遍中耕灭草作业；结合玉米追肥，在玉米4～5片展开叶期进行第三遍中耕培土作业。

（五）病虫害防控技术

1. 玉米螟

生物防治：玉米螟防治指标为百株活虫80头。可以用高压汞灯防治，时间为当地玉米螟成虫羽化初始日期，每晚9时到次日早4时，小雨仍可开灯；赤眼蜂防治，于玉米螟卵盛期在田间放蜂一次或两次，每公顷放蜂22.5万头。

药剂防治：在玉米喇叭口期或抽雄初期田间作业，可用1.5％的辛硫磷颗粒剂每株1g，在大喇叭口期撒入大喇叭口内。75％的辛硫磷乳剂1.5kg/hm²加沙子112.5～150kg制成颗粒剂，每株施2g左右，在抽雄前施入心叶。

2. 黏虫

黑龙江省6月中下旬易突发黏虫，当平均100株玉米有50头黏虫时达到防治指标。可用2.5％氯氟氰菊酯乳剂用量300～450mL/hm²，或10％阿维高氯1 000倍液，或25％氰戊·辛硫磷1 500倍液防治。化学防治主要是掌握好施药时间，要抓住幼虫的低龄期防治，才能取得比较好的防治效果。做到早发现早防治，尽量在玉米黏虫三龄以前防治。防治时间一般选择早晚幼虫取食的高发时间；喷药部位尽量施药在玉米心叶。

3. 斑病

常见斑病有大斑病、小斑病和锈病，目前用于防治的药剂有 40%氟硅唑、50%异菌脲、10%苯醚甲环唑、70%代森锰锌、50%菌核净、70%氢氧化铜等。发病初期及时喷药防治，每隔 7~10d 一次，可选用 70%代森锰锌可湿性粉剂、50%多菌灵可湿性粉剂、75%百菌清可湿性粉剂等兑水喷雾。对感病品种采取提前预防 2~3 次的方法，9~10 片展开叶期用多菌灵预防一次，7~10d 用 40%氟硅唑乳油 33~35g/hm² 防治第二次。

(六) 收获技术

在青贮玉米籽粒乳线位置达到 1/4~3/4 时与秣食豆同时全株机械收获（彩图 3-8）。

四、操作要点

(一) 播种机选择

秣食豆与青贮玉米混种的播种机械选用 2BJ 型播种机比较适合，对于部分种子粒形较大的（百粒重大于 35g）青贮玉米品种，在播种时可以适当改扩播种盘的缺口。

(二) 杂草防除

杂草防除可选用丙炔氟草胺＋乙草胺混用进行防治，除草效果好，喷施后对玉米和秣食豆有轻微药害，但后期很快恢复正常生长，对生长和产量没有影响。

(三) 收获

由于秣食豆与青贮玉米混种，在收割期一般要有不同程度的相互缠绕，用后悬挂式的青贮收割机难以收割。适合收割机为中国农业机械化科学研究院研制的 XDNZ-2008 型自走式青贮收割机，该收割机是前割台，带有侧刀，往复式刀，完全能够克服秣食豆茎的缠绕问题。在经济条件较差的地区可以选择 9SQ-10 青贮收割机，该机型具有主动绞入式割台，能够克服秣食豆茎的缠绕，收割效果较好。

五、效益分析

(一) 经济效益

青贮玉米和秣食豆混播技术是目前发展牛羊高产饲料作物的最新高产栽培技术，将青贮玉米和秣食豆按一定比例混合播种，可提高产量15%～20%，每公顷产鲜秸秆可达 63～68t，按 400 元/t 计算，年可收益25 200～27 200 元/hm²。同时能提高青贮玉米的营养价值和适口性，粗蛋白质含量可提高 3 个百分点，达到 11%左右，每公顷可增收 3 000 元左右（表 3 - 9）。

表 3 - 9　青贮玉米和秣食豆混播技术效益分析

项目	单位	单播青贮玉米	青贮玉米秣食豆混播
租地费	元/hm²	9 000	9 000
种子费	元/hm²	500	980
耙地、播种费	元/hm²	750	750
肥料费	元/hm²	2 250	2 250
病虫害防治	元/hm²	100	90
收获费	元/hm²	1 050	1 050
运输费	元/hm²	1 150	1 800
成本合计	元/hm²	14 800	15 920
产量	t/hm²	54～57	63～68
收益	元/hm²	21 600～22 800	25 200～27 200
纯收益	元/hm²	6 800～8 000	9 280～11 280
增收	元/hm²	—	2 480～3 280

(二) 社会效益

该技术的推广实施，能有效解决农牧交错带粮食和饲料的土地竞争与作物秸秆过腹还田的问题，促进农业供给侧结构性改革。青贮玉米与秣食豆混播还可减少氮肥的施用，降低对生态环境的破坏，促进农业的可持续发展。因此，该技术的推广实施可获得较大的社会效益。

（三）生态效益

秣食豆为豆科牧草，具有很强的生物固氮能力，每公顷固氮相当于尿素 260～450kg，可提高土壤肥力，减少氮肥施用，改善土壤结构，使后茬作物增产 15%～30%，低产田增产 1 倍以上。该技术模式的实施使土地达到用养结合，保持土地的可持续利用。将推进退耕还草和生态环境建设，促进粮、畜、草的良性循环，加快农业生态建设，生态效益显著。

六、应用案例

2017—2019 年，在齐齐哈尔克东县飞鹤乳业公司开展了试验示范，建立示范基地 373.33hm^2，每公顷可产优质青贮原料 63t，产量比单播青贮玉米提高 15%，粗蛋白可提高 3%，每公顷可获纯效益 7 200 元，新增总收益 240 万元。新技术的推广应用，可为公司提供抗性强、产量高、品质优的饲料作物新品种和配套关键生产技术，可为奶牛提供稳定、充足的饲料作物和蛋白质饲料来源，提高奶牛的产奶量和质量，提高经济效益，增加企业收入，促进黑龙江省畜牧业快速发展，延长了产业链，带动了相关产业的发展。示范区产生良好的示范和辐射作用，推动了黑龙江省草产品高效规模化生产，将产生巨大的社会效益。

起草人：杨翌、徐艳霞、柴华、李莎莎、王晓龙

第四章
种养结合草畜一体化模式

科尔沁沙地典型种草养肉牛技术模式

　　通辽市地处西辽河平原，位于科尔沁沙地腹地，是玉米种植黄金带，是内蒙古自治区的粮仓，每年生产 1 000 余万 t 玉米籽实和 1 800 余万 t 玉米秸秆。毗邻的赤峰市阿鲁科尔沁旗——中国草都，其苜蓿及轮作饲用燕麦种植面积 100 余万亩，为发展奶牛及肉牛养殖提供优质饲草、充足的秸秆饲草和籽实精料。2015 年中央 1 号文件提出的草牧业、粮改饲、种养结合、草畜一体化等政策实施，科尔沁地区充分利用当地生产的青贮玉米、饲用高粱、燕麦、苜蓿等饲草资源进行肉牛养殖，实现草畜一体化，生产绿色农畜产品，保护和利用土地资源的农牧业生产方式。对于实现"植物生产、动物转化、微生物还原"生态循环发展，提高经济效益和生态效益，具有重要意义。

　　该模式以通辽市为例，整合科尔沁沙地饲草种植与加工技术、肉牛养殖技术、粪污制肥还田技术等种草养肉牛技术，充分利用科尔沁沙地的种植和养殖优势，保护和利用生态脆弱区环境，实现农牧业生产的可持续发展。

一、适用范围

科尔沁沙地种草养殖肉牛的规模化农牧场。

二、技术流程

该技术主要包含饲草种植与加工、肉牛养殖、粪污还田三个环节，整体流程见图 4-1。

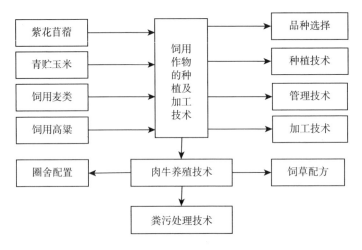

图 4-1　科尔沁沙地种草养牛技术流程图

三、技术内容

（一）饲草种植及加工技术

在科尔沁沙地较常见的饲草有紫花苜蓿、青贮玉米、饲用甜高粱和饲用燕麦等。

1. 紫花苜蓿

（1）品种选择　选择能够安全越冬、丰产、优质及抗病虫性强的苜蓿品种。相对适宜的苜蓿品种有北极熊、公农 1 号、东苜 1 号、WL163 等秋眠级≤3 的苜蓿品种。

（2）种植技术　紫花苜蓿的种植技术按《科尔沁沙地苜蓿种植技术规程》（DB15/T 1862—2020）进行。

（3）灌水技术　紫花苜蓿的灌水技术按照《科尔沁沙地苜蓿灌溉技术规程》（DB15/T 1863—2020）进行。

（4）施肥技术　紫花苜蓿的施肥技术按照《科尔沁沙地苜蓿施肥技术规程》（DB15/T 1864—2020）进行。

（5）干草调制技术　紫花苜蓿干草调制技术按照《科尔沁沙地苜蓿干

草调制技术规程》(DB15/T 1865—2020)进行。

(6)青贮技术　紫花苜蓿从现蕾期到开花期开始刈割，收割季节雨热同期时，可以制作苜蓿半干青贮、添加剂青贮或与禾本科牧草(燕麦)混合青贮。

2. 青贮玉米

(1)品种选择　近几年通辽市农牧科学研究所品比试验推荐种植的品种有北农青贮368、北农青贮208、京科青贮516、大京九26、京科968青贮种植玉米和粮饲兼用玉米品种。其品质均达到国家青贮要求一级标准，鲜草产量66 084~90 921kg/hm²，干草产量28 247~34 343kg/hm²。

(2)选地　应选择肥力中上的地块，灌溉条件好，最好是集中连片，适合机械化收获。

(3)适宜种植区域　集中在老哈河和西辽河冲积平原地带，主要有奈曼旗的北部、开鲁县中部、科尔沁区、开发区、科左中旗西部、后旗中东部。

(4)高产栽培技术　玉米生产一般要遵循备耕→播种→田间管理→收获的流程。

①备耕　上年秋季已经整地并冬灌的土地，在春季土壤表层昼化夜冻的顶凌期要及时耙地，使耕层上虚下实，起到保墒作用；上年秋季没整地的土地，耕层开化深度达15cm以上时(应在4月1—7日期间)进行灭茬旋耕并修成畦田，要求埂直、地平。

②播种　播种方式：采用等行距或宽窄行种植，最好采用覆膜种植、膜下滴灌种植方式，种植密度82 500~90 000株/hm²(株距为21.2~23.1cm)，采用宽窄行覆膜种植可充分利用光能提高积温，减少水分的地表蒸发，减少杂草危害。

播期：当5~10cm土壤温度稳定在10℃时(应在4月25日至5月5日期间)进行机械精量点播。

基肥和种肥：基肥以农家肥为主，一般施农家肥30 000~45 000kg/hm²，过磷酸钙525~600kg/hm²，玉米专用复合肥225~300kg/hm²；

种肥在播种时深施磷酸二铵 300kg/hm^2 或氮、磷、钾含量与其相同的复混肥、硫酸钾（或氯化钾）90kg/hm^2（含 K$_2$O 50％）。

播深：一般 4～6cm。在墒情较好的黏土，应适当浅播，以 3～4cm 为宜。疏松的沙质壤土，应适当深播，以 5～6cm 为宜。

除草剂封地：播种后出苗前喷施玉米田专用除草剂封地，尽量不破坏药膜。土壤干旱应加大兑水量，如喷后三天内遇雨，应重喷一遍。

③田间管理 田间管理与大田作物管理方法相同，需要进行除草、间苗、施肥及中耕等。

④收获 当玉米籽粒进入乳熟末期到蜡熟期时（应在 9 月 10—20 日期间），应用青贮玉米收获机适时机械化收获。青贮玉米蜡熟期刈割最佳，籽粒乳线达到 1/2 时，作为青贮玉米的收获日期，此时不仅可消化营养物质含量高，而且含水量适宜（70％左右）。

⑤青贮 在田间可使用青贮一体机直接刈割粉碎裹包青贮；窖贮则要根据种植面积匹配收获机械，确保在收获期内及时刈割完毕；粉碎、装填、压实机械要根据窖的大小确定，每个青贮窖装填时间控制在 3d 内，采用横切面装填，每装填 20cm 碾压一次，当天未完成的青贮切面要覆膜隔氧。原料装填压实之后，应尽快密封和覆盖。

3. 冬黑麦和燕麦种植加工技术

（1）品种选择 冬黑麦为 BK-1 品系，青海 444 和白燕 7 号早熟燕麦品种，梦龙、甜燕 1 号、牧王、燕王、牧乐思等中晚熟燕麦品种。

（2）种植技术 采用机械播种方式，播种量为 150kg/hm^2，播种深度 3～4cm，行距 15～20cm。冬黑麦 9 月 20 日左右秋播，早熟燕麦在 3 月 25 日左右春播，中晚熟燕麦则在冬黑麦种子收获之后，7 月中旬夏播。

（3）田间管理 拔节期、抽穗期、开花期每亩追施尿素 10kg。喷施高效氯氰菊酯防治黏虫。

（4）收获 冬黑麦和早熟燕麦于 6 月 5—22 日收获，夏播燕麦在 10 月中旬收获，调制干草或青贮。

（5）青贮及干草调制 燕麦收获后在原地将青草摊开暴晒，每隔数小时适当翻晒，水分降至 50% 左右，用搂草机或人工把草搂成垄，继续干燥，使其含水量降至 30%～35%，用集草器或人工集成小堆干燥，再经 1～2d 晾晒后，调制成含水量为 15% 左右的青绿色干草。燕麦青贮则采用裹包青贮方式。

4. 饲用高粱的种植及加工技术

（1）品种选择　饲用高粱有苏丹草、高丹草、甜高粱等，饲用高粱种类及品种有晋牧系列、辽甜系列、通甜系列，高丹草有健宝、大力士等。

（2）种植技术　播种时期为 5 月中旬，播种量为 37.5kg/hm²；播种深度 3～4cm，行距 50cm，保苗量为 90 000 株/hm²；播种时施用 225 kg/hm² 磷酸二铵。

（3）田间管理追肥　追肥尿素 450kg/hm²，播种后 40d，中耕除草。

（4）收获　9 月 10—20 日收获，粉碎后青贮。

（5）青贮　参考青贮玉米。

5. 种植模式

（1）一年一熟模式　4 月底至 5 月初种植青贮玉米或 5 月中旬种植饲用高粱，正常田间管理，9 月 10—20 日收获，进行青贮利用。

（2）二种二收模式　当年 9 月种植黑麦草，翌年春季种植早熟燕麦等麦类牧草，6 月上旬收割，制作青贮或调制干草；6 月中旬至下旬种植青贮玉米、饲用甜高粱、高丹草等高大禾草，制作青贮饲料，如果前茬到种子成熟期收获，则后茬种植中晚熟燕麦品种或与饲用豌豆混播，秋季收获干草。二种二收模式能够极大提高单位面积土地的生物质产量。

（3）苜蓿与燕麦轮作倒茬　苜蓿种植利用几年后，植株密度变低时，接茬种植饲用燕麦 1～2 季，其后再轮换种植苜蓿。

（二）肉牛养殖技术

1. 圈舍配置

一般每头牛配置 6～8m²，造价 500 元/m²，根据实际情况，增大圈舍空间，有利于肉牛活动，减少起圈次数，圈舍相对干爽。圈舍有基础母牛、肉牛养殖之分，基础母牛又分为待产期、乳牛 1～2 月龄、乳牛 3～4 月龄、乳牛 5～6 月龄，育肥肉牛分架子牛和育肥牛，因此最好配置 6 个不同养殖类型的圈舍。

2. 日粮配方

根据肉牛的性别、生理阶段、外部环境等因素决定日粮配方，一般情况下，青贮饲料干物质可占到粗饲料干物质的 1/3～2/3，每头饲喂量10～20kg。成年牛每 100kg 体重青贮饲喂量为：基础母牛 3kg 以上，育肥牛 3～3.5kg，后备牛 2.5～3kg，种公牛 1.5kg 左右，推荐生长育肥牛典型饲料配方（表 4 - 1、表 4 - 2）。

表 4 - 1　肉牛养殖草料组成表

种类	草料及辅料	干物质含量
草	青贮玉米或青贮高粱	24%
	玉米秸秆	24%
	苜蓿干草	5%
	燕麦干草	5%
料	玉米籽实	20%
	麦麸	10%
	豆饼	5%
	棉籽饼	5%
其他	石粉	0.50%
	碳酸氢钙	0.10%
	预混料	1%
	食盐	0.40%

表 4 - 2　不同种类及体重的肉牛养殖草料配比表

肉牛种类	发育状态（体重，kg）	草（%）	料（%）
基础母牛	待产期	80	20
	哺乳期	70	30
架子牛	400～600	60	40

（续）

肉牛种类	发育状态（体重，kg）	草（%）	料（%）
育肥牛	600～800	50	50
	800～1 000	40	60
	1 000～1 400	30	70
	1 400 以上	20	80

（三）粪污处理技术

适度规模肉牛养殖场产生的粪污量比规模牛场少，粪污可通过垫土沤肥的方式进行处理。堆肥是将粪污、沙土、采食剩余饲草按照一定比例混合使其含水量控制在 50% 左右，将混合均匀的干粪堆积成梯形条垛（堆垛体积要便于翻堆机械操作），温度保持在 60℃ 左右连续发酵 48h 后充分翻堆，以后根据升温状况持续翻堆，使条垛内部温度不超过 70℃，待颜色变为褐色或黑褐色，条垛体积塌陷 1/3 或 1/2 时，有机肥制作完成，之后均匀摊开晾晒，使含水量保持在 30% 以下。经过处理的有机肥可还施于牧草种植基地。

四、操作要点

1. 根据饲养规模，合理建造养殖圈舍，最好分为 6 个不同发育时期的肉牛养殖圈舍。

2. 根据饲养规模，按照每头牛 1 亩地青贮玉米或饲用高粱、饲用燕麦等优质禾本科青贮饲草、1 亩地籽实玉米、0.5 亩地苜蓿和燕麦干草，合理种植饲草，确保周年持续供应饲草和玉米籽实及玉米秸秆。

3. 冬季饲喂青贮玉米，提前 1d 将干草与青贮玉米混合发酵，提高温度，饲喂时呈热气腾腾状态，加快肉牛的采食速度。

4. 冬季补水，水管有加热装置，水温控制在 10～20℃。

5. 北方农牧交错地区，冬季温度低，圈舍建造过程考虑增温保温设施。

6. 根据肉牛种类及体重大小，合理安排饲草料配方。

五、效益分析

（一）饲草种植经济效益

饲草种植的经济效益分析如表 4-3 所示。

表 4-3　饲草种植经济效益对比

项目	紫花苜蓿	青贮玉米/饲用高粱	燕麦
一、投入（元/hm²）	3 290	6 075	2 900
机耕（元/hm²）	300 元/hm²÷5 年=60	300	300
播种费（元/hm²）	300 元/hm²÷5 年=60	300	300
种子［元/(hm²·年)］	22.5kg/hm²×60 元/kg÷5 年=270	30kg/hm²×30 元/kg=900	150kg/hm²×6 元/kg=900
肥料、农药（元/hm²）	1 500	750	350
水电（元/hm²）	1 200	300	150
收割（元）	300 元/次×5 次=1 500	825	600
打捆、裹包（元）	300 元/次×5 次=1 500	60 元/t×45t=2 700	300
二、产出（t/hm²）	干草 15t	全株青贮玉米/饲用高粱 45t	干草 7.5t
三、每吨种收成本（元）	219	135	385
四、市场价（元/t）	2 200	600	1 800
五、自种比购买节约成本（元/t）	1 981	465	1 415

（二）肉牛养殖经济效益分析

以育肥牛（600~800kg）为例，育肥期 180d，育肥期内按每头牛每天需青贮玉米 20kg、苜蓿干草 1.0kg、燕麦干草 1.0kg 计算，每头育肥牛每天增重 1~2kg，每头育肥牛则增值 3 600 元，去掉圈舍、防疫、人工投入等，净增值 1 800 元。

（三）粪污处理经济效益

每头牛每天的排粪量与排尿量大体相等，体重 300kg 的育肥牛每天产生的粪肥量 15kg，体重 400kg 的育肥牛每天产生的粪肥量 25kg，体重

500kg 的育肥牛每天产生的粪肥量为 30kg，每头牛年可排粪 6t，经堆积发酵可处理成 6t 有机肥，可满足 0.13hm² 牧草用肥，节省化肥投入，同时改良土壤，提高土壤肥力及保水保肥能力，可提高紫花苜蓿、青贮玉米、饲用高粱、冬黑麦、饲用燕麦等饲草产量及品质。

（四）技术模块经济效益

育肥牛按年需青贮饲料 7t、干草 1.5t、精料 0.5t，需配套 0.13hm² 青贮玉米基地和 0.13hm² 饲草基地。饲料成本节约 400 元，养殖增值 1 800 元，粪污改土 40 元，合计 2 240 元。利用北方农牧交错地区的种植和养殖优势，实现生态脆弱区农牧业的可持续循环发展。

六、应用案例

内蒙古自治区通辽市开鲁县润禾丰现代科技家庭农场存栏肉牛 650 头，租赁种植基地 140hm²，通过种植青贮和籽实玉米，减少了青贮玉米和精料的饲料成本，每吨节约 100 元左右，直接减少饲料成本 100 余万元；储藏玉米秸秆减少饲料成本 20 余万元；牛粪还田减少有机肥直接成本 40 余万元；养殖肉牛增值 117 万元。通过种养结合，共增加经济效益 280 余万元。润禾丰现代科技家庭农场在科尔沁沙地采用草畜一体化方式养殖肉牛，不但经济效益明显，每年利用粪肥改良沙化草地约 30hm²，土壤肥力递增，生态效益显著。采用草畜一体化养殖肉牛，拉伸了饲草生产产业链，企业用工人数增加，目前林辉草业公司长期用工人数 20 余人，带动了农牧民致富。作为科尔沁沙地种植养殖一体化典范，对当地及周边农牧民、种植养殖企业的农牧业生产推动效果明显，增加了农民的收入，加快了畜牧业的发展，为实现乡村振兴和畜牧产业发展助力。

起草人：王显国、张玉霞、刘林、王国君、刘庭玉、王振国

科尔沁地区肉羊养殖技术

随着社会的发展，人民生活水平不断提高，膳食结构不断改善，高质量畜产品需求逐步增加。消费需求驱动畜牧业高质量、规模化发展，高品质、低成本日粮安全供应将成为现代畜牧业发展的瓶颈，也是提高我国肉羊产业国际竞争力的关键。

该技术团队首次提出了饲草型 TMR 理念。丰富和完善了饲草间组合效应理论，采用粗饲料分级指数并结合反刍家畜生理特点和舍饲模式，进行日粮设计和优化，筛选出肉羊用饲草型 TMR 最佳配方，优化了生产工艺，实现了批量生产，为反刍家畜养殖提供高质量、低成本日粮的稳定供应。

该技术应用意义在于：

一是推动现代畜牧业"节粮、提质、增效"目标的实现。该成果全面推广，推动节粮型畜牧业快速发展，降低肉羊育肥过程中精料的使用量，更加符合反刍家畜消化机理，保证畜体健康，畜产品品质得到稳步提升，节本增效，是现代畜牧业向标准化、规模化、品质可控、可追溯发展的重要保障。

二是促进"禁牧舍饲"政策的有效实施。习近平总书记指出，要探索以生态优先、绿色发展为导向的高质量发展新路子。为减小生态压力"禁牧舍饲"政策是我国近阶段或长期的养殖模式。该成果推广应用将从源头解决"禁牧舍饲"政策背景下的日粮供应问题，解决农牧民后顾之忧，促进"禁牧舍饲"政策的有效实施。

三是加快畜牧业转型升级。当前，我国畜牧业正处于转型升级的关键时期。绿色发展、市场竞争、资源约束的压力使行业必须调结构、优布局、提质量、增效益。该成果应用推广，旨在因地制宜，根据当地资源状况、环境特点，充分利用、挖掘区域性优势饲草资源潜力，引导和规范养殖业与资源环境承载能力相匹配，发挥资源、市场比较优势，推动饲草生产、饲料加工、动物保护、家畜养殖、畜产品生产销售等一体化经营迅速发展。

四是助力乡村振兴战略实施。新时代实施乡村振兴战略，畜牧业是不可或缺的产业，是必须振兴发展的产业。该成果全面推广，为农业农村现代化目标的实现添砖加瓦。把握提质增效的大方向，遵循绿色发展的大原则，依靠科技进步推动生产方式变革，加快畜牧业转型升级，不断提高劳动生产率、资源转化率、家畜生产率，提高畜牧业生产效益，深化供给侧结构性改革，不断推进畜牧业向高质量发展。走好以科技推动产业发展，以产业发展助力乡村振兴之路。

一、适用范围

该技术适用于科尔沁地区标准化、规模化现代肉羊养殖模式。该模式将在半农半牧区乃至农区逐步应用推广。

适用品种：昭乌达肉羊、杜寒杂交后代、湖羊等适合圈养舍饲肉羊品种。

二、技术流程

技术流程见图4-2。

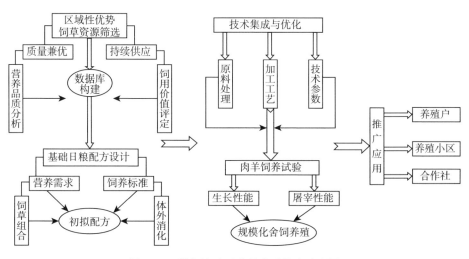

图4-2　科尔沁地区肉羊养殖技术流程图

三、技术内容

(一) 区域性优势饲草资源筛选

针对科尔沁地区资源状况，充分挖掘区域性优势饲草资源，选择产量高、资源丰富、品质优良、无毒害作用、价格稳定低廉且能够持续供应的饲草作为重要研究与开发对象，确保饲草型全混合日粮原料充足，技术推广应用可持续。

(二) 饲草资源数据库构建

将筛选出的优势饲草资源状况归纳总结，将适合肉羊养殖饲草原料分别取样，进行营养成分分析，对其饲用价值进行评定，并建立区域性饲草资源数据库，为系列产品的开发提供基础数据支撑。

(三) 基础日粮配方设计

以肉羊饲养标准为参照，选择饲用价值较高、资源丰富、可开发利用前景较好的饲草资源进行科学搭配、优化组合，应用 GI 指数、饲草组合效应理论，应用体外消化试验数据，初拟出较好组合 3~5 个。将初拟配方分别进行饲喂试验，每组肉羊 18 只，3 次重复，预饲期 10d，试验期 90d。预饲期前进行统一驱虫、免疫。试验期称重一次，每隔 10d 称重一次。试验结束后进行屠宰试验，分别测定屠宰性能与羊肉品质指标进行对比分析（表 4-4、彩图 4-1、彩图 4-2）。

表 4-4　初拟配方

饲草名称	TNR1	TMR2	TMR3	TMR4	TMR5
紫花苜蓿	20	20	20	20	20
燕麦草	30	25	25	20	20
天然牧草	15	15	12	12	9
甜菜渣	17	17	15	15	13
玉米秸秆	5	5	5	5	5
磷酸氢钙	3	3	3	3	3
全株玉米青贮	10	15	20	25	30
合计	100	100	100	100	100

（四）成型加工技术集成优化

1. 原料处理

根据不同时期肉羊采食特性及消化特性不同，将肉羊育肥期分为前、中、后三个阶段，每个阶段30d。不同阶段的肉羊除了对营养的需求有差别外，对日粮的粒度要求也不同，育肥前期粒度较小，中期、后期逐步增大。

2. 加工工艺

原材料—粉碎—混合—成型加工—饲草型TMR产品。

3. 技术参数

粉碎粒度0.5～1cm、成型温度60～80℃、压缩比例（4～7）∶1、产品含水量12%～14%、保质期3～6个月。

（五）饲草型TMR技术推广应用

该技术适合于规模化圈养舍饲模式。首先通过饲草生产企业生产系列日粮产品，应用于规模化养殖企业，完善现代肉羊产业日粮供应体系，提供日粮安全、统一供应，确保畜产品安全。逐步带动养殖户、养殖小区、养殖合作社。为肉羊产业健康、稳定、可持续发展保驾护航（彩图4-3、彩图4-4）。

四、操作要点

（一）全混合日粮配方设计

饲草型TMR是满足肉羊营养全部需求的日粮产品。配方设计应以肉羊饲养标准（NRC）为依据，根据反刍家畜营养需求与消化机理，应用饲草组合效应理论、GI理论、中医药学及动物营养学理论，结合区域性优势饲草资源状况，进行合理组合、优化，通过饲养试验验证，筛选出最优方案。

（二）加工工艺集成优化

饲草型TMR是以饲草为主的日粮产品，因粗纤维含量高，常规工艺和设备生产的TMR通常成型率差，导致饲料粒度和营养浓度达不到满足高效饲养的需求。提高饲草原料粉碎程度等加工工艺措施有助于解决上述问题，优化加工工艺的关键参数如下：粉碎粒度 0.5～1cm、成型温度 60～80℃、压缩比例（4～7）：1、产品含水量 12%～14%（彩图 4-5）。

（三）全混合日粮应用

饲草型 TMR 是新型日粮产品，具有营养全面均衡的特点，同时在配方设计的过程中考虑家畜消化系统容积与日粮在家畜消化道内存留时间等因素，该产品的应用应当按照饲草型 TMR 应用规程进行（彩图 4-6）。

五、效益分析

（一）经济效益

饲草型 TMR 应用于肉羊集中育肥阶段（90d 左右）。基础日粮由紫花苜蓿、燕麦草、天然牧草、玉米秸秆、全株玉米青贮等组成，每吨成本 1 400 元，日增重 300g，屠宰率提高 2%～3%，净肉率增加 1%～2%，必需氨基酸提高 3%～5%，限制性氨基酸提高 2%～3%，不饱和脂肪酸与饱和脂肪酸比值增加 0.1～0.2，棕榈酸、亚油酸等对人体有益脂肪酸含量显著差异。从日粮成本的降低、增重速度的增加以及畜产品品质改善总体考虑，每只育肥羊育肥周期内可增加 150～200 元的经济收入。

（二）生态效益

该技术推广应用将从源头解决"禁牧舍饲"政策背景下的日粮供应问题，解决农牧民后顾之忧，促进"禁牧舍饲"政策的有效实施，减缓生态压力；该新型产品应用适应反刍家畜消化机理，有效控制一氧化氮、氧化亚氮、氨气等气体排放，降低养殖污染；该产品应用有效推动肉羊产业向集约化、规模化发展，促进养殖区与生活区的有效分离，改善了人居环境。

（三）社会效益

该技术推广应用有效促进日粮安全供应，保证畜产品质高端、安全，让民众吃上放心畜产品；该产品的应用对农业农村现代化目标的实现起到了推动作用。把握住提质增效的大方向，遵循了绿色发展的大原则。依靠科技进步，推动了生产方式的变革，加快畜牧业转型升级。该技术提高了劳动生产率、资源转化率、家畜生产率，提高了畜牧业的生产效益，推进了畜牧业向高质量发展。

六、应用案例

内蒙古绿田园农业引入饲草型全混合日粮理念与内蒙古民族大学科研团队联合开发肉羊用饲草型全混合日粮产品。饲草型全混合日粮以优质人工牧草、天然牧草及农副产品为主要原材料，不添加任何精饲料，日粮组成的改变与营养成分的合理组配更能满足草食家畜营养的需求，适应草食家畜的消化机理，畜体健康，产品品质显著提高；充分利用区域性饲草资源优势，降低饲养成本，提高畜产品产量，改善品质，从而提高养殖效益，为畜牧业高质量发展提供重要保障。

七、引用标准

1. NY/T 3052—2016　舍饲肉羊饲养管理技术规范
2. NY/T 816—2004　肉羊饲养标准
3. DB22/T 3086—2019　肉羊全混合日粮（TMR）饲养技术规程
4. DB15/T 1281—2017　肉羊饲草型全混合日粮调制技术规程

起草人：刘庭玉、侯美玲、任秀珍

山西怀仁肉羊种养结合草畜
一体化生产模式

2015 年的中央 1 号文件提出发展种养结合，拉长产业链条，实现"植物生产、动物转化、微生物还原"生态循环发展。种养结合草畜一体化生产是实现农牧良性循环的重要途径，既为养殖业提供优质牧草，又为种植业提供优质有机肥。近年来在雁门关农牧交错带已经初步形成了以怀仁市、应县为主的"牧草种植—羔羊育肥—屠宰加工—有机肥生产"肥羔羊产业循环发展示范带。

怀仁市种植苜蓿 2 500hm²、全株青贮玉米 5 700hm²，其他草地面积 10 000hm²，建设青贮窖 270 000m³，标准化养殖小区达 638 个，棚圈面积达 1 276 000m²。2016 年以来，怀仁市连续多年羔羊饲养量稳定在 400 万只以上，年屠宰加工能力达到 600 万只，成为拉动经济社会发展的重要引擎。近年来坚持以畜定草、以草促牧、农牧结合、循环发展、以牧富民的发展原则，扩大饲草种植，提高肉羊等养殖产业的发展水平，实现种养结合、循环利用。特别是通过草牧业和粮改饲的带动，转变了育肥肉羊的饲喂方式，由之前的"谷物＋秸秆"调整为"优质牧草＋全株青贮玉米＋部分谷物"，喂养更加科学，在降低饲喂成本的同时，更加注重提升羊肉的品质和效益，为肉羊育肥产业的可持续提供了强劲的动力。在推动农业供给侧结构性改革，拓展农业结构调整的空间，促进肉羊业的转型升级、降本提质增效等方面有了较快发展。怀仁肉羊种养结合草畜一体化生产模式包括群体规模配置、牧草种类和品种选择、种植模式选择、草产品加工、饲喂利用、有机肥生产等技术环节。

一、适用范围

该技术模式适用于山西省雁门关农牧交错带肉羊饲养量大、草畜结合条件好的地区进行肉羊舍饲育肥。

二、技术流程

按照种植—养殖—废弃物资源化处理—有机肥腐熟—还田利用循环的农业技术路线，该技术模式主要包含饲草种植—饲草加工—肉羊养殖—肉产品及有机肥加工—粪污还田等几个环节，其生产技术流程如图 4-3 所示。

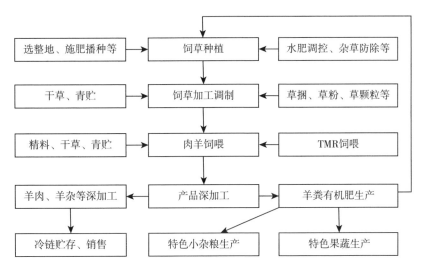

图 4-3 种草养肉羊草畜一体化生产模式技术流程图

三、技术内容

（一）饲草种植

适合在该区域种植的牧草种类有紫花苜蓿、燕麦草、青贮玉米。根据近年来开展的品种筛选试验结果和生产实践，紫花苜蓿适宜品种有中苜 3 号、中苜 4 号、甘农 3 号、阿迪娜、太阳神、WL343HQ 和巨能 7 号等品种；燕麦草品种有牧乐思、燕王、牧王、青引 1 号和白燕 7 号等品种；青贮玉米品种有禾玉 36、奥玉青贮 5102、大京九 26、京科 932 和北农青贮 368 等品种。

（二）种养规模配置

按育肥羊一天饲料用量为体重的 4%～4.5% 计算，日喂精料 0.5～0.8kg、干草 1～1.5kg、青贮饲料 2～3kg。每只育肥羔羊到出栏需要五个月左右，年需青贮饲料 1.095t、干草 0.55t，需配套 0.009 7hm^2 青贮玉米地和 0.021hm^2 苜蓿（或燕麦）饲草地。

每只羊每天的排粪量为 2kg，排尿量为 0.7kg，每只羊年可排粪 0.73t，经堆积发酵烘干可处理成 0.365t 有机肥，可满足 0.015hm^2 牧草用肥。

按照以畜定草、以草促牧、农牧结合、循环发展、以牧富民的发展原则，养殖户可根据生产需求和排污需求合理安排种植基地。

（三）种植模式

1. 苜蓿、燕麦草单播生产模式

选择地势平整、水肥条件较好的地块，种植苜蓿等多年生优质饲草，丘陵地块进行燕麦草生产，收货后调制优质干草或裹包青贮，供育肥肉羊舍饲饲喂。

2. 青贮玉米（饲用甜高粱/高丹草/燕麦草）复种小黑麦生产模式

5月上旬种植青贮玉米、饲用甜高粱、高丹草等高大禾草，到9月上旬收获后制作青贮饲料。紧接着种植饲用小黑麦等牧草，翌年5月上旬收割制作青贮或调制干草，然后再播种青贮玉米等饲草，如此循环。此模式能够极大提高单位面积土地的生物质产量，同时减少冬春季地表裸露。

3. 青贮玉米与饲用豆类间作混贮生产模式

青贮玉米与拉巴豆、秣食豆、饲用黑豆等以1∶1行、2∶2行或2∶4行比例进行窄行密植间行播种。将青贮玉米和饲用豆类分别放入不同的种箱，行距 40～60cm，株距控制在 18～25cm，播种深度为 5～6cm。条件允许播种时可进行覆膜滴灌带一体化播种。青贮玉米可与饲用豆类同时完成播种、收获，进行混合青贮，制作出来的青贮饲料品质高，适口性好。研究表明，混合青贮的蛋白含量（干物质）比青贮玉米单一青贮提高 2.5 个百分点，增幅近 30%，相当于每吨玉米青贮里面添加了 10kg 优质豆饼。同时豆类的固氮作用也能够培肥地力，促进下茬作物的生长（彩图4-7）。

（四）饲喂量

根据育肥肉羊的生理阶段、外部环境等因素决定，一般情况下育肥成年肉羊的日饲喂量为苜蓿或燕麦干草 1.0～1.5kg，青贮饲料 2.0～3.0kg。育肥肉羊不同阶段参考日粮配方如表 4-5 所示。

表 4-5　育肥肉羊日粮组成及营养成分（干物质基础）

项目	育肥前期	育肥中期	育肥后期
原料组成（%）			
玉米	54.60	64.05	66.27
自制浓缩料	11.90	9.45	9.23
全株青贮玉米	24.42	14.87	12.96
苜蓿	7.34	10.27	10.20
花生蔓	1.74	1.36	1.34
合计	100.00	100.00	100.00
营养成分			
粗蛋白（%）	12.34	12.15	12.10
消化能（MJ/kg）	14.62	14.84	14.91
中性洗涤纤维（%）	22.48	21.23	20.51
钙（%）	0.56	0.51	0.49
磷（%）	0.24	0.25	0.25

（五）粪污处理

肉羊养殖场产生的粪污、污水部分可经过沉淀后用作饲草地灌溉用水；羊粪可通过堆肥腐熟发酵、烘干等方式进行粉末、颗粒等有机肥生产。经过处理的有机肥可还施于饲草种植基地，或配套种植的特色小杂粮及果蔬基地。

四、操作要点

（一）紫花苜蓿栽培收获技术

选择能够在当地获得的高产且抗性强的优良品种。种植按《紫花苜蓿种植技术规程》（NY/T 2703—2015）进行；施肥按照《草地测土施肥技术规程紫花苜蓿》（NY/T 2700—2015）进行；病害防治按照《紫花苜蓿主要病害防治技术规程》（NY/T 2702—2015）进行；主要虫害防治技术按照《苜蓿草田主要虫害防治技术规程》（NY/T 2994—2016）进行。收获利用要根据种植规模和机械数量决定收割期，如能够在 3d 内完成全部收割，可从初花期开始刈割；如果不能在 3d 内刈割完毕，从现蕾期开始刈割。第二、第三茬收割雨热同期时，可以制作苜蓿半干青贮、添加剂青贮或与禾本科牧草（青贮玉米）混合青贮。

（二）燕麦草栽培收获技术

燕麦草适宜生长在夏季凉爽、雨量充沛的地区。忌连作，可与马铃薯、豌豆、玉米、高粱、甜菜等作物轮作。整地质量要良好，整地要点是深耕和施肥，应做到早、深、多、细，形成松软细绵、上虚下实的土壤条件，做到深耕、细耙、镇压。

播前施入腐熟有机肥 22.5～37.5t/hm²。以春播为主，通常从 4 月上旬至 6 月上旬。播量 150～225kg/hm²，采用条播，行距为 15～20cm，覆土深度 3～5cm。

田间管理主要是追肥和灌水。施肥的原则是前期以氮肥为主，后期以钾肥为主。燕麦的病害主要是坚黑穗病和锈病等，虫害主要是黏虫、土蝗、蝼蛄、金针虫等，应及时发现并预防。

收割青干草建议为乳熟期（燕麦抽穗后 20～30d），青贮可在乳熟期至蜡熟期收获，适宜刈割留茬 12cm。

（三）青贮玉米栽培收获技术

选择专用青贮型或粮饲兼用型玉米品种。要求在土层深厚、地势平坦、水利条件较好，肥力较高的地块上种植。合理密植有利于高产，播种量为 37.5～52.5kg/hm²。株行距均为 30～40cm，每公顷株数根据品种特性确定，一般为 7 万～9 万株。田间管理主要是进行除草、间苗、施肥及中耕等。

青贮玉米的收获时间为乳熟后期至蜡熟前期，植株含水量 65％～

70%，籽粒乳线在 1/2 时为适宜收获期。在田间可使用青贮一体机直接刈割粉碎裹包青贮。窖贮则要根据种植面积匹配收获机械，确保在收获期内及时刈割完毕，粉碎、装填、压实机械要根据窖的大小确定，每个青贮窖装填时间控制在 3d 内，采用横切面装填，每装填 20cm 碾压一次，当天未完成的青贮切面要覆膜隔氧。原料装填压实之后，应尽快密封和覆盖。

（四）有机肥生产技术

堆肥是将干粪与基料和发酵剂按照一定比例混合使其含水量控制在50%左右，将混合均匀的干粪堆积成梯形条垛（堆垛体积要便于翻堆机械操作），温度保持在 60℃左右继续发酵 48h 后充分翻堆，以后根据升温状况持续翻堆，使条垛内部温度不能超过 70℃。之后均匀摊开晾晒或烘干，使含水量保持在 30%以下。

五、效益分析

（一）经济效益

近年来，怀仁市发展种养结合肉羊草畜一体化生产模式取得了明显的经济效益。饲草规模种植既为养殖业提供了优质饲草，又解决了农民种地难、收入低的问题，还提升了羊肉品质，推动了种植养殖业良性循环发展，极大地盘活了农村经济。以养羊业为龙头，大力发展玉米和牧草种植，为推动畜牧业特别是养羊业发展夯实了基础，初步形成了"以肉羊规模养殖为基础，以草畜联盟为支撑，共同发展"的产业格局。采用优质苜蓿干草＋全株青贮玉米替代部分精料饲喂育肥肉羊，育肥期内，每只羊养殖成本（饲草料费）比采用常规日粮饲喂低 103.86 元，纯收入达 376.55元，比采用常规日粮饲喂多收入 28.44 元。同时从种植养殖业入手，以羊粪为主要原料，发展有机肥加工，延伸产业链条，形成了一个完整、绿色、有机、无公害的全产业的循环经济发展链条，走出了一条种草、养殖和畜禽粪便生产有机肥、种粮的绿色生态循环经济发展之路。在以南小寨村羔羊养殖园区为中心的羊产业的带动下，养羊业长足发展。亲和乡养羊专业合作社 123 家，羔羊养殖棚圈 24 万 m²，养羊 132 万只，年出栏羔羊

140 万只。2020 年，粮食总产量达到了 34.58 万 t，农村经济总收入 8.46 亿元，农民人均纯收入达到了 1.67 万元。建成有机肥生产企业 7 家，以羊粪为主要原料加工有机肥，年加工有机肥 20 余万 t，产值 4 000 余万元，经济效益十分显著。

（二）生态效益

种养结合肉羊草畜一体化生产模式已经逐步形成了集牧草种植、肉羊养殖、屠宰加工、有机肥生产、粪肥还田于一体的种养结合，农牧循环产业链。通过打造生态循环链，积极发展有机旱作农业，建设绿色、有机、无公害的产业基地，种植苜蓿、燕麦草、青贮玉米等优质饲草，收获后饲喂肉羊，羊粪再生产有机肥还田再种植饲草或有机特色小杂粮，改良土壤结构、改善土壤板结状况，有效提高农作物品质，同时可减少畜禽粪便、化肥施入等农业面源污染，形成了完整、绿色、有机、无公害的产业链条，生态效益非常明显。

（三）社会效益

种养结合肉羊草畜一体化生产模式能够有效利用农村剩余劳动力，实现家门口打工，振兴农村经济。在做大做强肉羊业、种植业的同时，也带动了农民增收致富。对于全面推进产业振兴，指导农村调整种植结构，大力发展特色农业、绿色农业，全力带动群众增收致富，建设美丽乡村、富裕乡村、幸福乡村等都具有十分重要的促进作用，社会效益显著。

六、应用案例

怀仁市奔康牧草开发公司创建于 2017 年，其万亩苜蓿基地依托亲和乡形成的百万只肉羊养殖规模和土地资源优势，积极打造草牧并蓄、生态治理兼顾、优质牧草先行的示范种植基地。先后与石庄村 830 户农户签订了土地流转合同，共种植紫花苜蓿 800hm^2。从播种开始，基地全部实行机械种植收割、搂草翻晒、青贮捡拾、青贮裹包、打捆等一条龙作业，与 15 家养殖企业结成草畜联盟，年产青贮裹包苜蓿 4 万 t，通过土地托管的方式，每亩地每年可收入 1 300 元以上。用青贮苜蓿饲喂肉羊，不仅改善了羊肉的品质，而且可以使每只羊增收 100~150 元。通过"公司＋农户、养殖大户、种粮大户"走出了一条以畜带草、以草促畜、粮经饲三元发展的新路子（彩图 4－8）。

怀仁市金沙滩羔羊肉业股份有限公司成立于 2013 年 2 月，是一家集牧草种植、种羊繁育、羔羊养殖、屠宰分割、生熟肉加工、产品研发、冷链物流、羊粪有机肥加工于一体的低碳环保、循环式利用、链条式生产的现代化羔羊肉生产加工企业。通过打造"龙头企业＋合作社＋家庭农场＋农户"的农业产业化联合体发展模式，把种、养、加、销一体化经营纳入现代化企业运行范畴，形成了一个完整的产业链条。公司占地面积 80 000m²，总投资 3.9 亿元，上游关联产业涵盖 333hm² 牧草种植基地 1 个，羔羊养殖专业合作社 3 个，现存栏基础母羊 8.35 万只，年出栏优质羔羊 90 万只。下游关联产业拥有年产 60 000t 羊粪有机肥公司 1 家，"犇土"牌羊粪有机肥生产线 1 条，应用动态连续发酵处理工艺生产有机肥。产品有机质含量高，配方科学，养分齐全，可以改良土壤结构、改善土壤板结，有效提高农作物品质，促进产业升级增效。拥有肉制品深加工基地 1 个，年屠宰肥羔羊 100 万只，生产冷鲜分割品 2 万 t，羊副产品 7 000t，熟肉制品 1 万 t 及速冻调理制品 3 000t。2016 年公司销售额首次突破 3 亿元。通过纵向一体化和横向相关产业的联合发展，不断扩大产业经营范围，实现了种草羊肉草畜一体化产业链循环发展（彩图 4－9 至彩图 4－11）。

七、引用标准

1. NY/T 2703—2015　紫花苜蓿种植技术规程
2. NY/T 2700—2015　草地测土施肥技术规程紫花苜蓿
3. NY/T 2702—2015　紫花苜蓿主要病害防治技术规程
4. NY/T 2994—2016　苜蓿草田主要虫害防治技术规程

起草人：石永红

绒山羊（农牧结合）高效（生态）养殖技术模式

我国的绒山羊生产主要分布在东北、西北及青藏高原的干旱、半干旱和荒漠、半荒漠地区。绒山羊适应性强、生产性能优异，所产的羊绒细度好、弹性大，具有得天独厚的资源优势。推广绒山羊高效养殖模式，发展现代草原畜牧业，有利于科学利用草地资源，高效转化农副产品，实现规模养殖与生态养殖有机融合，对于改善生态脆弱地区环境、振兴牧区经济、帮助农牧民脱贫致富，具有十分重要的意义。

依据地区优势和实际情况，绒山羊（农牧结合）高效（生态）养殖技术模式主要通过牧繁农育、户繁企育、山繁川育等多种模式，利用现代农业机械、标准化棚圈、饲草料调制室、贮草棚、青贮窖等基础设施，实现耕、种、灌溉、施肥、收割、脱粒等种植环节及饲喂全程机械化。放牧草地通过实施严格的禁牧、休牧、划区轮牧和草畜平衡制度，使草牧场得以休养生息，植被得到明显恢复，生态效益显著提高。同时，坚持种养结合、为养而种、以种促养、以草定畜，实施按方种植人工饲草料地，配方饲喂；组建优质高繁核心群，科学管理、标准化饲养、规模化发展、产业化经营，实现传统草原畜牧业生产经营方式的转变。

一、适用范围

该技术模式主要适用于内蒙古中西部、陕西北部等农牧交错区绒山羊高效生态饲养。

二、技术流程

绒山羊（农牧结合）高效（生态）养殖技术模式主要围绕种养殖户和

企业进行饲草及经济作物规模化种植技术、饲养技术和羊粪堆置利用循环进行（图4-4）。

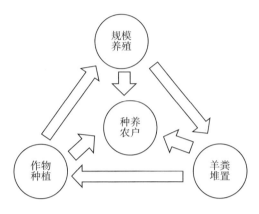

图4-4 绒山羊高效养殖模式

三、技术内容

技术内容主要包括品种繁育及高效饲养两个方面。

（一）品种繁育技术

1. 优质饲草种植技术

依据地区实际情况，种植紫花苜蓿、粮饲兼用玉米、青贮玉米、草谷子、甜高粱以及燕麦等优质饲草。内蒙古地区适宜的紫花苜蓿品种有中苜3号、准格尔苜蓿、敖汉苜蓿、草原3号等，粮饲兼用玉米品种有内单314、金岭系列，青贮玉米品种有科多8号、科多4号，燕麦品种有蒙燕1号、蒙饲系列；陕西地区适宜的紫花苜蓿品种有中苜系列、WL系列，粮饲兼用玉米品种有陕单911、榆单系列，青贮玉米品种有科多8号、科多4号、青饲1号等。

2. 绒山羊选育技术

开展绒山羊品质鉴定，测定体尺、体重、产绒量、绒长、绒密等生产性能，根据鉴定结果严格选择和淘汰。加强优秀羊只的饲养管理和特殊培育，开展选种选配，进行等级选择，不断提纯复壮，提高生产性能。

3. 绒山羊高效繁殖技术

通过人为控制产羔时间、使羔羊生产集中、整齐，易于统一饲养管理。提高繁殖率，达到一年 2 胎 3 羔或两年 3 胎 5 羔，提高经济效益。

4. 种羊选育技术

制定种羊选种选育计划和选育方法，确保选留系谱清楚、优秀的种羊个体。同时要保持合理的畜群结构，成年公母羊，育成公母羊及断乳后公、母羔羊，分别单独组群进行饲养管理（彩图 4-12）。

（二）高效饲养技术

1. 饲草加工利用技术

合理安排种植结构，按照 4∶4∶3 比例种植饲料玉米、青贮玉米、紫花苜蓿，提供营养价值较高的优质干草、青贮或 TMR 全混合日粮；根据绒山羊不同生长发育阶段配方饲喂，按照全混合日粮饲喂技术，对日粮各组分进行搅拌、切割、混合和饲喂。另外，可利用当地优势作物的副产品，如花生秧、葵花饼、小麦秸秆、红枣、黑豆等进行育肥或补饲。

2. 划区轮牧＋休牧技术

划区轮牧草地每年 4—6 月休牧，放牧利用 270d。666.67hm² （亩产可食干草 20kg）草地划分为冷季草场 200hm²，暖季草场 466.67hm²。冷季草场划分为 6 个轮牧小区，每个小区 33.33hm²；每个小区 1 次放牧 15d，冷季从 1—3 月共放牧 90d，轮牧一次。暖季草场 466.67hm² 划分为 10 个轮牧小区，每个小区 46.67hm²；每个小区一次放牧 9d，每个轮牧周期 90d，暖季从 7—12 月共放牧 180d，轮牧两次。

3. 分群饲养＋快速育肥技术

分群是实施肥羔生产、快速育肥的基础。羔羊在哺乳期每合理搭配 3.5kg 草料可增加体重 1kg，4～6 月龄每 5.5kg 可增重 1kg，成年羊 7～8kg 可增重 1kg，1 只育肥羔羊的纯收入在 180 元以上，不作种用的羔羊可以全部生产肥羔。

（三）粪污循环利用

绒山羊饲养主要以放牧饲养为主、补饲为辅，不会产生大量集中的粪污，因此循环利用技术比较缺乏。

四、操作要点

以生产需求为目标，主要进行优质饲草种植与加工利用、草原资源保护与可持续利用、绒山羊品种选择及改良、绒山羊优质扩繁、饲养管理及其他技术的操作。

（一）优质饲草种植与加工利用

优质饲草是绒山羊高效生产的基础和关键环节之一，坚持为养而种、按方种植、以种促养。按照绒山羊的营养需要和饲草种类的营养供给，种植饲料玉米、青贮玉米、紫花苜蓿等优质牧草，实现耕、种、灌溉、施肥、收割、脱粒等全部过程机械化。科学合理搭配饲草料配比，实施配方饲喂，分群管理，安装自动化饲喂系统，实现种养殖机械化（彩图 4 - 13）。

（二）草原资源保护与可持续利用

科学利用草牧场，重视生态保护，实行禁牧、休牧及划区轮牧制度，使草牧场得到更新复壮、休养生息的机会，草地资源得到有效保护，植被得到明显恢复，生态效益明显提高，实现了草畜平衡，草原生态系统健康发展。

（三）绒山羊品种选择及改良

科学选择绒山羊品种，按照绒肉同抓理念，在控制羊绒细度的基础上，选择绒山羊种羊体格大、产绒量高、羊绒品质好的群体，开展绒山羊整群鉴定工作，保证畜群的高效生产。开展选种选配，加强种公羊的单独管理，不断提纯复壮进行改良，提高产绒量、产肉量和产羔率。

（四）绒山羊优质扩繁

优质扩繁技术主要包括同期发情、人工输精、B超妊娠检查、胚胎移植等提高绒山羊种群质量和经济效益。

（五）饲养管理

实现标准化饲养，种草养畜，配方饲喂，分群管理，一年两胎和两年三胎，精心打造品种优势，增加牲畜改良的科技含量，采取冷配、人工授精、胚胎移植等适用科学技术，实现绒山羊高效养殖。

（六）其他

做好疫病防治。结合当地疫情和生产实际情况制定免疫程序和驱虫计划，使羊只主要疫病免疫率、驱虫率均达到100%。定期给棚圈消毒，保持干净、减少病菌污染与感染。建好两棚两窖，棚圈要分奶羔哺乳、母羊舍、羔羊舍、基础母羊舍、种公羊舍和育肥舍，还要建好贮草棚和青贮窖（彩图4-14）。

五、效益分析

（一）经济效益

通过科学营养调控，利用优质饲草及配方饲喂比传统养殖提高65%以上。以全舍饲为例，每100只绒山羊平均需要种植产籽玉米0.53～0.73hm^2、紫花苜蓿0.53hm^2、青贮玉米0.33hm^2，种植比例为2.2∶1.6∶1，即可满足一只绒山羊一年的营养需要，饲草利用不过剩，也不浪费。根据估算，在鄂尔多斯地区每亩水地可养4.5只绒山羊，毛收入达到1 100元，纯收入为800元左右，是种地打粮的1倍；苜蓿、青贮及少量添加剂除了解决传统养殖中蛋白质等营养素缺乏问题外，玉米＋苜蓿＋青贮＋秸秆养羊比单独用秸秆饲养提高效益达到96%，比配合饲料＋秸秆养羊提高效益67%。

（二）生态效益

重视草原生态建设，严格执行"休牧""禁牧"与"舍饲圈养"等相关政策，减少对草原区天然草地的生态压力，有效节约草地资源，降低了盲目无序高强度利用，草原退化趋势得到了明显遏制，草群结构得到明显改善，一年生牧草和毒草减少，多年生优质牧草相对增加，草原生物多样性提高，群落稳定性增强，为天然草地植被恢复和生态平衡创造了良好条件。建设高产、高效的人工饲草基地，是实现草原生态植被明显好转和畜牧业可持续发展的重要保证，是解决草畜矛盾、农牧结合和以农促牧的重要途径，也是提高畜牧业抗灾能力，实现农牧业稳定和可持续发展的需要。

（三）社会效益

提高科技贡献率，引进先进科学技术，进行集成应用，有效促进生产力的发展，降低由不确定因素影响草原生态畜牧业发展的风险，在一定程度上达到了草畜平衡的优化模式，使草原能够在"利用中保护，保护中利用"，构建地区绒山羊高效生态养殖新模式，为促进社会和谐稳定发展做出重要贡献。绒山羊生产中的绒毛加工、屠宰加工、养殖基地、饲草料基地、活畜交易市场、经济人才队伍、专业合作组织等产业链条逐步健全，产业化经营格局基本形成，"种羊场＋核心群＋选育群"和"合作社＋核心群＋选育群"等形式的产业化经营格局初步形成，农牧民和养殖企业经济效益明显提高，促进了现代畜牧业和社会的和谐发展，也为绿色有机畜产品生产提供了有力的保障与支持。

六、应用案例

（一）内蒙古鄂尔多斯市鄂托克旗农牧民放牧＋补饲高效生态养殖模式

苏亚拉巴图是鄂托克旗阿尔巴斯苏木赛乌素嘎查牧民，全家6口人，有劳力2人。应用放牧＋补饲高效生态养殖模式，采取草地改良＋划区轮牧技术＋配方种植＋科学饲喂＋科学饲养（分群管理＋羔羊早期培育、两年三产和快速育肥相结合）的管理方式，注重选种、选配和人工授精，粗饲料加工配制利用，划区轮牧、幼畜早期培育、疫病防控等技术，使得畜群的生产性能得到了大幅度提高，饲养的绒山羊个体体格大、产绒量高、羊绒品质好，个体平均产绒量达到850g，年繁殖羔羊1 200多只，产羔率150％，繁殖成活率99％，全年纯收入在60万元左右，是该旗白绒山羊核心户之一，每年生产优质种公羊200只、优质母羊500只，全部提供给了周边的农牧民，为周边的养殖户起到良好的示范带动作用，取得了良好社会、生态和经济效益。

（二）内蒙古鄂尔多斯市伊金霍洛旗"敏盖"白绒山羊——全舍饲高效生态养殖模式

"敏盖"白绒山羊主产区位于内蒙古自治区鄂尔多斯市伊金霍洛旗苏

布尔嘎镇，地处呼和浩特、包头、鄂尔多斯"金三角"腹地。经过多年的发展，该区域形成了全舍饲条件下的养殖园区建设＋饲草料基地＋科学养殖技术＋品牌化发展建设的"敏盖"高效生态养殖模式。鄂尔多斯市立新实业有限公司依托国家公益性行业（农业）科研专项"西北地区荒漠草原绒山羊高效生态养殖技术研究与示范"科研示范基地建设，帮助建立"敏盖"绒山羊养殖示范户 10 户，辐射带动 100 户农牧民从事绒山羊标准化养殖，实现销售收入 1 220 万元，实现利润 480 万元；示范户户均增收59 585 元，人均增收入达 25 000 元。通过企业的实施带动，彻底改变传统的养畜观念，使广大养畜户意识到提高生产科技含量，由头数型向质量型和效益型畜牧业转变意义重大。同时，还可减轻生态压力、改善人居环境，实现了畜牧业生产向现代化、集约化和效益化方向发展。

起草人：殷国梅、刘思博

第五章

放牧利用与天然草地干草生产模式

第一节

呼伦贝尔草原半牧、半饲
家庭牧场饲养模式

奶牛放牧是在适宜的时期内将牛驱赶到放牧场，使其自由采食草场牧草的一种饲养方式。其优点是通过奶牛自主采食牧草，可以省去牧草调制所需的割、搂、捆、运作业，可大幅度降低饲养成本，同时还可使奶牛享有充分的运动量，增强体质，减少肢蹄病的发生，并能随时发现发情奶牛，及时掌握配种时间，与舍饲相比尽管牛奶产量有所降低，但成本低、牛奶质量好、奶牛寿命相对较长。因此，奶牛放牧是奶牛业中最经济的饲养方式。呼伦贝尔草原资源丰富，地域辽阔，水草丰美，适合采取放牧方式发展奶牛产业。

呼伦贝尔草原地处温带北部，为中温带大陆性草原气候。气候特点是冬季寒冷漫长，春季干燥风大，夏季温凉短促，秋季气温骤降霜冻早，年降水量 250～350mm，分布不均匀，降水期多集中在 7—8 月。牧草生长期较短，枯草期较长。一般 6 月初至 9 月中旬是较理想的放牧季节，而进入枯草期后饲草短缺，营养不能满足牛的需求。为解决这一问题可采取半放牧半舍饲的饲养方式加以应对。

半放牧半舍饲的饲养方式是指在牧草生长季节进行放牧，而在枯草期进行舍饲，既可克服饲草季节性短缺及草地营养不均衡的问题，也能使牛只营养全面、运动充足、光照丰富、节省草料、体质健壮，能获得高产稳产，是呼伦贝尔草原牧区奶牛家庭牧场值得推广的一种饲养模式。

一、适用范围

该技术模式主要适用于呼伦贝尔市鄂温克族自治旗、陈巴尔虎旗、新巴尔虎左旗、新巴尔虎右旗等草原牧区及额尔古纳市、牙克石市等林区林草结合部奶牛高效生态饲养。

二、技术流程

该技术模式包括基本条件和生产技术要点两部分，基本条件应具备一定面积的放牧场并配套建设围栏、机井、饮水、饲喂设施和凉棚以供生长季放牧利用，同时因建有非生长季养殖场区，养殖场区应建有棚圈、运动场、饲料间、草料间、产房等设施。生产技术要点包括品种选择、奶牛放牧管理、奶牛冬季舍饲管理和奶牛繁殖管理等（图5-1）。

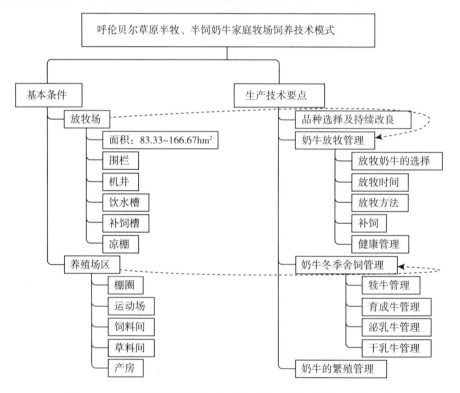

图5-1 呼伦贝尔草原半牧、半饲奶牛家庭牧场饲养技术流程图

三、呼伦贝尔奶牛家庭牧场适度规模

家庭农（牧）场是以农（牧）户为经营主体、以适度规模为经营方式、以利润最大化为生产目标的新型农（牧）业经营主体。

家庭农（牧）场一个重要特征是具有一定规模，但规模并非越大越好，而是有其生产规模的最优边界，在最优边界内的规模即为适度规模，一般受牧户经营的草场面积、技术装备水平、经营管理能力和社会化服务程度及收入水平等因素影响。对于如何来确定家庭农场适度规模，不同学者在不同地区进行了一些有益的研究探讨，而对于家庭牧场的研究较少，还需要进一步深入地研究和完善。根据呼伦贝尔牧区实际情况，家庭牧场的奶牛饲养规模在50～100头（基础母牛）可作为适度规模。

四、呼伦贝尔奶牛家庭牧场生产基本条件

1. 放牧场

放牧场面积按每头牛 1.67hm² 草场配置，一个家庭牧场应有 83.33～166.67hm² 的放牧场。放牧场应具备围栏、机井、饮水槽、补饲槽、凉棚等条件。

2. 养殖场区

养殖场区占地面积按 160～180m²/头配置，场区主要设施包括棚圈、运动场、饲料间，草料库、产房等。场区建设应符合 NY/T 1178 牧区牛羊棚圈建设技术规范。

五、呼伦贝尔奶牛家庭牧场生产技术要点

（一）品种选择及持续改良

一般应选择抗寒冷、耐粗饲、抗逆性强、抵抗力高等特点的肉奶兼用型奶牛品种，对于呼伦贝尔奶牛家庭牧场来讲，三河牛品种是比较理想的选择。同时可用引进肉奶兼用品种弗莱维赫、挪威红牛等对本地三河牛品种进行持续改良，以提高产奶、产肉性能，改善肉质，提高经济效益。

（二）奶牛放牧管理

1. 放牧奶牛的选择

选择四肢无病、健康、灵活的奶牛，包括犊牛、育成牛及成年牛组群放牧。有条件尽量进行分群管理。母牛产后 2 个月内不适宜出牧，因为此时若带犊放牧，犊牛易受伤，不带犊牛放牧，母牛采食不安心，经常跑回牛舍，很难管理。

2. 放牧时间

放牧的时间主要集中在白天，一般都是每天放两次，即上午赶出去，近中午赶回来；下午再赶出去，日落前回来。每天放牧时间应控制在 6～8h，不要长时间远距离地放牧，这样会大大消耗牛的体能。夏天为防止中暑，应注意避开炎热的中午，选择在早晨及傍晚较凉快的时间放牧。早春放牧时，由于牧草鲜嫩、含水分高、纤维少，大量采食，会肠胃不适，易引起拉稀，可在每天第一次放牧前，先喂干草至半饱，然后再放牧。秋天霜降后为防止吃霜草导致奶牛前胃疾病，上午应在日出以后放牛。在豆科牧草比例较高的草地上放牧，要待露水或雨水干后放牧，以避免奶牛发生瘤胃臌气。

3. 放牧方法

放牧时应远赶近吃，让放牧牛只从最远的地方往回吃，以避免饱腹后长距离急走，不利消化，使牛回圈舍后即可充分休息反刍。

4. 补饲

与舍饲相比，放牧奶牛更难以做到平衡日粮。在放牧季节里，草场上牧草的质量经常发生变化。需要经常对放牧采食量和草场质量进行调查并对补饲制度进行相应调整。补饲最好是在奶牛放牧的时候进行，可在草场上放置饲槽，投入精料进行补饲。

5. 健康管理

放牧牛群风吹日晒，有时淋雨易患感冒；草丛中蜱虫多，易患蜱病，从而引起焦虫病；草场地势陡峭，石头多，经常引起外伤。

感冒：用 30%的安乃近 20～40mL 加入青霉素 400 万～640 万单位，

进行肌肉注射，每天 2～3 次，2d 即可痊愈。

蜱虫病：对全群牛使用伊维菌素按 0.02mL/kg 皮下注射或用敌百虫配成 2% 溶液喷洒体表，每天一次，连喷 2d，并对牛舍清扫消毒。

焦虫病：对发病牛用血虫净按每千克体重 7mg，配成 5% 溶液深部肌肉注射，每日 1 次，连用 3d，最多不超过 5d。

外伤：小伤口先用生理盐水清洗伤口，再用络合碘进行消毒，然后撒上消炎粉。大伤口消毒后要缝合，并注射精制破伤风抗毒素 1.5 万～3 万单位，以及抗生素等药物。

（三）奶牛冬季舍饲管理

冬季舍饲奶牛管理大致分为犊牛、育成牛、泌乳母牛、干奶牛四个群体分别管理。

1. 犊牛管理

犊牛是指出生到 3 月龄或 4—6 月龄的小牛，这主要取决于哺乳期的长短。犊牛的饲养管理要点：一是注意日粮的配比，满足犊牛的能量需要，促进犊牛瘤胃上皮组织发育。二是做好犊牛的早期断奶。三是做好犊牛的防寒、防病工作。

2. 育成牛管理

育成牛是指从犊牛断奶到第一胎产犊前的母牛。在此期间，育成牛的瘤胃机能已相当完善，可让育成牛自由采食优质粗饲料，但玉米青贮由于含有较高能量，要限制饲喂。精饲料一般根据粗料的质量进行酌情补充。配种后的育成牛一般仍可按照配种前日粮进行饲养。在产前 20～30d，要求将妊娠牛移至一个清洁、干燥的环境，用泌乳牛的日粮进行饲养。精料每日喂给 2.5～3kg，并逐渐增加精料喂量。注意在产前两周降低日粮含钙量，以防产后瘫痪。同时，玉米青贮和苜蓿也要限量饲喂。

3. 泌乳牛管理

放牧结束后至干奶期的泌乳牛的舍饲管理要点：一是注意日粮的类型及质量。泌乳母牛的日粮中应该含有青贮饲料、苜蓿、优质青干草组成的青粗饲料，青粗饲料供给的干物质应占日粮干物质的 60% 左右。泌乳牛日粮还必须有较多的精饲料。二是注意饲喂方法。泌乳牛饲喂定时定量，少给勤添。青粗饲料要做到青中有干、干中有青、青干搭配。饲喂过程中应保持饲料的新鲜和清洁，禁止饲喂霉变、病毒污染饲料。三是注意饲喂次数及顺序。每天饲喂时间、饲喂量应保持相对稳定。四是注意饮水。要求在奶牛的运动场设饮水槽，自由饮水。对高产奶牛还要全年坚持饮混合料水，即在水中少量掺入糖渣、精料、豆饼、食盐等。冬季要饮温水。五是注意运动和刷拭。泌乳牛在舍饲期间，当产量平稳以后，每天要有适当的运动。经常刷拭，对保持牛体清洁卫生、调节体温、促进皮肤新陈代谢和保证牛奶卫生均有重要意义。

4. 干乳牛管理

干乳期是指两个泌乳期之间母牛不分泌乳汁的一段时期，为保证冬末早春集中产犊。一般在 11 月对奶牛集中停奶，使其进入干奶期。干乳后期是指干乳前期结束至分娩前的这段时间。通常也称围产前期，即分娩前 2 周的时间。母牛在围产前期临近分娩，这时如饲养管理不当，母牛易染发各种疾病。因此，这一阶段的饲养管理尤为重要。在饲养上应视母牛的膘情体况和乳房发育肿胀程度等情况而灵活掌握。对饲养过于肥胖的母牛，此时要撤减精料，日粮以优质干草为主。对营养状况不良的母牛，应立即增加精料，但精料的最大给量以不超过体重的 1% 为妥。产前增加精料喂量，使瘤胃微生物区系逐步调整适应于精料饲养类型，有助于母牛产后能很快适应高泌乳量高精料的饲养，可保持对精料旺盛的食欲，使母牛充分泌乳及泌乳高峰的提前到来，减少酮病的发病率。但对母牛产前有严重的乳房水肿和有隐性乳腺炎，则不宜过多增喂精料，以免加剧乳房肿胀或引发乳房炎。同时对乳腺水肿严重的，也要减喂食盐。

近年研究证明：在母牛临产前 2 周采用低钙饲养法，能有效地防止产后瘫痪的发生，即将一般日粮含钙量占干物质的 0.6% 降到 0.2% 的低水平，因牛体正常血钙维持水平是受甲状旁腺释放甲状旁腺素的调节，当日粮中钙供应不足时，造成不足以维持母牛血钙正常含量水平，此时，甲状旁腺功能性的加强调节，将从牛体分解骨钙以维持血钙水平，故当分娩时，即有源源不断的骨钙被送到血液中，避免了母牛产后大量泌乳，钙从乳中大量排出而造成产后瘫痪。此时期日粮应减少大容积的多汁饲料，此时胎儿增大压迫影响消化道的正常蠕动，易造成便秘。在精料中要适当提高麸皮的比例，因麸皮含镁多，带有轻泻性，可防产前便秘发生。每日如补喂维生素 A 和 D（或肌注），可使初生牛犊健壮活泼，提高成活率，也会降低胎衣不下和产后瘫痪的发生。

母牛在产前 7～10d，应转入产房，由专人进行护理。此时管理的重点是预防生殖道和乳腺的感染以及代谢病的发生。在转群前，宜用 2% 火碱水喷洒消毒产房，铺上清洁干燥的垫草，产房应建立和坚持日常的清洁消毒制度。母牛后躯及四肢用 2%～3% 来苏水溶液洗刷消毒后，即可转入产房，并办理好转群记录登记和移交工作。

在产房内要保持牛床清洁，常换垫草。防穿堂风对牛体袭击。冬季要饮温水，最好水温为 36℃ 左右，绝不能饮冰水及饲喂冰冻变质的饲料，以免造成腹泻引发早产。每日注意观察乳房的变化，如有过度的水肿，尤其愈高产母牛愈水肿严重，可适当投以利尿剂，以减轻水肿程度。如发现乳房发红过硬，在不得已的情况下，可提前进行挤奶，但要保存好初乳。天气晴朗时，要将牛驱赶出产房进行运动，这有利于分娩，也可预防产后胎衣不下、瘫痪、肢蹄病等。切忌终日关在潮湿的牛舍内，不利健康，易感疾病。

干乳牛饲养管理中应注意的问题：

（1）严格控制精饲料喂量，防止干乳期日粮营养水平过高，使母牛变成肥胖母牛。

（2）产前 2 周对年老体弱及有易发病史的牛应用糖钙疗法、肌肉注射VD3、黄体酮等措施，预防产乳热、胎衣不下和酮病发生。

（3）干乳的方法。干乳采用快速停奶法，一般情况下，如产奶量已降至 10kg 左右，可先由日挤奶三次改为一次，然后隔日或隔 2d 一次，在7d 内将奶停住。最后一次挤奶完要请兽医检查，乳房表现正常时再停奶，并随即用药物封闭乳头。停奶后几天还要经常观察乳房的状况，发现异常时及时联系兽医。但如果干乳时产奶量仍然较高（超过 15kg），可先限制其精料喂量，并适当控制饮水，促使其产奶量下降，然后再按照上述方法停奶。

（四）奶牛的繁殖管理

国内外放牧奶业系统积累的管理经验表明，当分娩季节尽可能使奶牛集中产犊，泌乳曲线与牧草生长曲线较为开始同步时，放牧奶牛获得的效益最大。因此放牧奶牛繁殖管理最基本的目的是在产犊间隔时间不超过 365d 的情况下，确保尽可能多的奶牛在尽可能短的时间内妊娠。在放牧系统中，奶牛能否按牧草生长节律同步配种、妊娠、产犊，首先要确定干乳日期，在实践中通常将牛群的干乳期固定在秋末的某一天。低产牛、年轻奶牛或体瘦奶牛要提前干乳以改善体况。统一的干乳期有利于奶牛在冬末春初早期集中的产犊，以保持尽可能长的平均泌乳期。这些策略确保了牛奶的单位成本最低。只有管理好配种季节，使奶牛在短期内集中妊娠，才能够实现集中产犊。

为适应呼伦贝尔草原牧草生长节律，奶牛应在冬末春初相对短的时间内产犊，下一次的配种在产犊后的 2.5～3 个月开始，奶牛繁殖管理应根据日历日期决定即所谓的季节性繁殖，而不是根据个体牛产后间隔时间计算出的日期，即所谓的周年繁殖。配种方法是使用奶牛品种的公牛精液在 4～6 周内人工授精，之后让公牛随群本交配，交配未孕牛，6～8 周之后移走公牛，然后在适当时间内进行妊娠诊断，在牛群干乳时淘汰所有未孕牛。在秋末奶牛进入干乳期时，尽管确切的干乳时间取决于夏末秋初牧草（或补充饲料）是否充足，但是理想的时间是越晚越好。如果未孕牛产奶量尚可，可保留到牛群干乳期的最后一天，但是在实践中，常在夏天或秋天牧草生长开始前尽快将其淘汰出牛群。

六、效益分析

以 100 头奶牛饲养规模为例，采用半放牧半舍饲奶牛家庭牧场饲养模式的销售收入、成本及收益分析如下。

（一）销售收入

正常生产年份，每年可生产优质牛奶 400t，每吨售价 4 000 元，销售收入 160 万元；出售育成母牛 24 头，每头售价 1 000 元，销售收入 24 万元；出售公犊牛 39 头，每头售价 1 000 元，销售收入 39 万元年；出售淘汰母牛 15 头，每头售价 15 000 元，销售收入可达 22.5 万元。年销售总额达到 245.5 万元（表 5-1）。

表 5-1　畜群周转表

序号	项目	年限			
		1	2	4	4~10
1	期初合计	115	115	115	115
1.1	可繁母牛	100	100	100	100
1.2	育成牛	15	39	15	15
2	增加合计	80	80	80	80
2.1	购入	0	0	0	0
2.2	当年繁殖	80	80	80	80
3	减少合计	80	80	80	80
3.1	死亡小计	2	2	2	2
3.2	出栏小计	78	78	78	78
3.2.1	育成母牛	24	24	24	24
3.2.2	淘汰母牛	15	15	15	15
3.2.3	小公牛	39	39	39	39
4	期末合计	139	115	115	115
4.1	可繁母牛	85	85	85	85
4.2	育成母牛	15	15	15	15
4.3	母犊	15	15	15	15

注：母牛繁殖成活率 80%、母牛淘汰率 15%、成幼畜死亡率 2%。

（二）成本分析

1. 单位成本分析

可繁母牛单位成本主要包括精饲料、优质青干草、青贮饲料、放牧费、人工费、疫病防治费等，每饲养一头可繁母牛单位成本约 9 850 元。

育成母牛单位成本主要包括精饲料、优质青干草、青贮饲料、放牧费、人工费、疫病防治费等，每饲养一头育成母牛单位成本约7650元。犊牛成本要包括代乳料、放牧费、人工费、疫病防治费等，每饲养一头犊牛单位成本约3380元（表5-2）。

表5-2 单位产品生产成本估算表

序号	项目	单位	消耗定额	单价（元）	金额（元）
1	可繁母牛				9 850
1.1	精饲料	kg	2 000	3.5	7 000
1.2	优质青干草	kg	2 500	0.3	750
1.3	青贮饲料	kg	2 500	0.6	1 500
1.4	放牧费	亩	25	8	200
1.5	人工费	日工	1.5	200	300
1.6	疫病防治费			100	100
2	育成母牛				7 650
2.1	精饲料	kg	1 500	3.2	4 800
2.2	优质青干草	kg	2 500	0.3	750
2.3	青贮饲料	kg	2 500	0.6	1 500
2.4	放牧费	亩	25	8	200
2.5	人工费	日工	1.5	200	300
2.6	疫病防治费			100	100
3	犊牛				3 380
3.1	代乳料	kg	500	6	3 000
3.2	放牧费	亩	10	8	80
3.3	人工费	日工	1	200	200
3.4	疫病防治费			100	100

2. 总成本

年总成本中包括外购原料、工资及福利费用、管理费，以及折旧、产品销售费用和利息费用。100头基础母牛规模的养殖场年总成本193.81万元，其中年固定成本22.78万元、年可变成本171.03万元。年经营成本183.81万元（表5-3）。

表 5 - 3　总成本费用表

序号	项目	年份			
		1	2	3	4～12
1	原材料				
1.1	精饲料	121.72	121.72	121.72	121.72
1.2	优质青干草	15.00	15.00	15.00	15.00
1.3	青贮饲料	30.00	30.00	30.00	30.00
1.4	放牧费	4.31	4.31	4.31	4.31
2	工资及福利费	6.78	6.78	6.78	6.78
3	管理费	5.00	5.00	5.00	5.00
4	产品销售费用	1.00	1.00	1.00	1.00
5	折旧费	10.00	10.00	10.00	10.00
6	利息支付				
7	总成本	193.81	193.81	193.81	193.81
7.1	固定成本	22.78	22.78	22.78	22.78
7.2	可变成本	171.03	171.03	171.03	171.03
8	经营成本	183.81	183.81	183.81	183.81

（三）盈余分析

经计算分析，100 头基础母牛规模的呼伦贝尔草原半放牧半舍饲奶牛家庭牧场年销售总额可达到 245.50 万元，扣除年总成本 193.81 万元，年盈余可达 51.79 万元。

七、应用案例

阿吉泰家庭牧场是内蒙古自治区呼伦贝尔市鄂温克族自治旗巴彦嵯岗苏木莫合尔图嘎查牧民阿斯拉一家经营的家庭牧场，家庭承办放牧场有 264.6 hm²、饲料地 33.33 hm²，养殖区面积 13.33 hm²，有棚圈 2 000 m²、运动场 4 000 m²，常年饲养三河牛基础母牛 50 多头、羊 800 只，家庭牧场有劳动力 3 人。通过采取草原半放牧半舍饲奶牛家庭牧场模式饲养奶牛，在放牧季节由于充分发挥草地资源的优势，草场上阳光充足、空气清新，有利于奶牛健康，奶牛自由采食、营养全面，奶牛生产性能有较大提高。

放牧奶牛产奶成本一般是舍饲喂养成本的 1/3～2/3，青绿牧草营养价值高、消化率比干草高 15%～20%，胡萝卜素比干草高 10 倍。因此降低了成本，并获得较高的经济效益，该家庭牧场每年产奶牛约在 50 头，泌乳期在 8 个月左右，每头牛平均年产奶量在 5t 左右，每头牛奶资收入约 1.5 万元，奶资总收入 75 万元左右，销售犊牛收入每年在 25 万元左右，每年生产投入约 70 万元，每年毛收入在 30 万元左右。

起草人：刘及东、闫建国

呼伦贝尔改良草地生长季
季节性轮牧技术

呼伦贝尔草原作为世界四大草原之一，位于内蒙古自治区东部内蒙古高原东翼，总面积约 8.8 万 km²，是我国自然禀赋最好、牧草产量最高的天然草场之一。但近些年来，呼伦贝尔草原面临着气候干旱、超载过牧、管理粗放等问题，致使该地区草原退化面积超过了 66%，其中，重度和中度退化比例超过了 90%，植被盖度、草层高度显著下降，初级生产力下降 50%，优质牧草比例下降 40%。目前，该地区多数重度退化草地因生产力下降、毒杂草入侵等原因已不再适合家畜放牧，部分地区通过相应的草地改良措施（如围封、施肥和补播等）一定程度上恢复（提升）了牧草产量和优质牧草比例。在此基础上，根据草地载畜量、牧草的生长节律和植被繁殖更新规律，实施以放牧率和放牧时间调控为核心的生长季季节性轮牧技术是防止改良草地再次退化、促进改良草地可持续利用的重要措施。

放牧率是影响草地状况和家畜生产的最重要指标，调控放牧率是草地管理的重要手段。一般认为适度放牧可以促进牧草再生、维持良好的草地植被组分，有利于草地生产力和多样性的维持。然而，最适放牧率的确定受到牧草生长量的影响，降水量在年际和季节间的不均匀分配使牧草生长速率发生变化。传统的放牧率在年际和季节间恒定的管理方式，会导致草地资源在干旱年份被过度利用，而在湿润年份则不能被充分利用。在我国北方天然草原开展的放牧研究发现，放牧季将牧草现存量维持在 500kg/hm² 以上有利于维持草地生产力、增加草地优质牧草组分，同时通过增加土壤碳固持、甲烷吸收并降低单位家畜甲烷排放，最大程度上实现了草地经济效益和生态效益的平衡。

此外，在适度放牧条件下，对放牧时间的调控是改善草地植被组成、维持草地生产力和多样性的潜在因素，通过休牧可以保护植物的生长节律，促进植被的繁殖、更新和再生。研究表明，与持续放牧相比，季节性休牧有以下优点：①提高植被盖度，减少土壤侵蚀、提高土壤含水量，促进牧草生长；②家畜喜食的斑块可以在休牧过程中得到恢复，有利于维持植被中优良牧草的比例；③促进幼苗建植和生长，提高土壤种子库密度和多年生植物根系营养物质的积累，从而提高草地生产力和稳定性。休牧对草地植被的影响取决于休牧时期、植被组成及放牧率等；不同植物因放牧适应策略和繁殖策略的不同会对休牧产生不同的响应。

基于以上放牧管理理论与实践，该技术采用牧后剩余量法调控放牧率，利用放入-取出技术（Put and take stocking）调控放牧绵羊数量，使放牧季结束时的牧后剩余量保持在 $500kg/hm^2$ 以上，在此基础上，通过不同季节休牧多年研究结果总结出将夏季休牧纳入生长季放牧系统中，采用夏季休牧与秋季休牧或夏季休牧与持续放牧相结合的季节性轮牧技术，以提高草畜系统生产力、促进放牧草地可持续利用。

一、适用范围

该技术适用于我国呼伦贝尔等北方草原区，放牧场以牧草产量每年在 $1\,500kg/hm^2$ 以上，以无芒雀麦等为优势种的多年生禾草改良草地或以羊草为优势种的轻度至中度退化的天然草原区。

二、技术流程

该技术包含两种模式，若放牧草地是无芒雀麦等多年生禾草改良草地，优势种为无芒雀麦和羊草，则放牧系统采用年际间夏季和秋季休牧交替进行的季节性轮牧模式（图 5-2）；若放牧草地是以羊草为优势种的轻度至中度退化天然草原，则放牧系统采用年际间夏季休牧和持续放牧交替进行的季节性轮牧模式（图 5-3）。

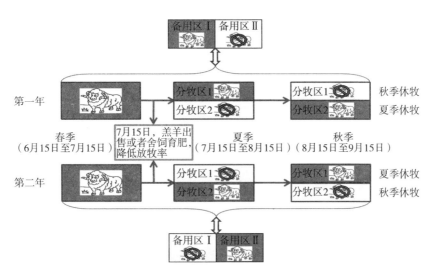

图 5-2　年际间夏季和秋季休牧交替进行的季节性轮牧模式

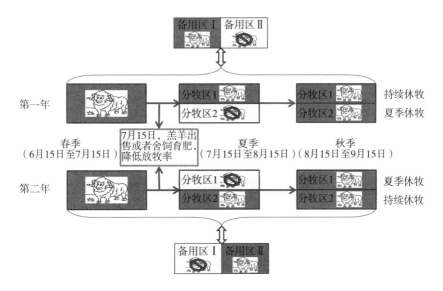

图 5-3　年际间夏季休牧和持续放牧交替进行的季节性轮牧模式

（一）年际间夏季和秋季休牧交替进行的季节性轮牧模式

该模式将放牧场划分为季节性轮牧区和备用区。季节性轮牧区用于放牧使用，该模式采用春季放牧后将轮牧区分为 2 个分区，即夏季分牧区 1 放牧、秋季分牧区 2 放牧，以达到分牧区 2 夏季休牧与分牧区 1 秋季休牧的目的，各轮牧区采用年际间轮换的轮牧方式，详见图5-2。每年7月15日，羔羊出售或者舍饲育肥以降低放牧率，从而使分牧区在夏季或秋季每年休牧1次。当分牧区牧草现存量较低时，为了防止分牧区草地被过度利用，可将放牧绵羊移至备用区，备用区也在年际间交替利用。

（二）年际间夏季休牧和持续放牧交替进行的季节性轮牧模式

该模式将放牧场划分为季节性轮牧区和备用区。季节性轮牧区用于放牧使用，该模式采用春季放牧后将轮牧区分为2个分区，即夏季分牧区1放牧、秋季分牧区1和2均放牧，以达到分牧区2夏季休牧与分牧区1连续放牧的目的，各轮牧区采用年际间轮换的轮牧方式，详见图5-3；每年7月15日，羔羊出售或者舍饲育肥以降低放牧率，从而使每个分牧区在夏季每2年休牧1次。当分牧区牧草现存量较低时，为了防止分牧区草地被过度利用，则将放牧绵羊移至备用区，备用区也在年际间交替利用。

三、技术内容

（一）两种休牧-轮牧模式共性技术要点

1. 季节划分

两种休牧-轮牧模式均将每年放牧季（6月15日至9月15日）划分成3个季节，其中，6月15日至7月15日为春季、7月15日至8月15日为夏季、8月15日至9月15日为秋季，在其余时间段（9月15日至翌年6月15日），建议利用打草场收获的干草进行舍饲，或设置非生长季放牧场，即在草地枯黄后、大雪覆盖前（9月底至11月）进行非生长季放牧（该草地在其余时间休牧），而后进行舍饲。基于草地可持续利用的考量，不推荐打草场在一年内既打草又放牧。

此外，生长季开始放牧和结束放牧的时间不固定，需根据牧草生长速率和牧草现存量灵活调整。放牧开始的时间一般由牧草现存量决定，当牧草现存量在1 000kg/hm² 左右，可开始放牧；一般情况下，6月15日左右牧草现存量可达1 000kg/hm²；若在干旱年份，当牧草现存量在6月15日前后还未达到1 000kg/hm² 时，则可适当推迟开始放牧的时间，但最迟不晚于 6 月 25 日。对于放牧结束的时间，可在湿润年份增加放牧天数或在干旱年份提前休牧，但以上调控手段的实施应以秋季牧草现存量不低于 500kg/hm² 为原则。

2. 放牧场划分

两种休牧-轮牧模式均将整个放牧场划分成 1 个季节性轮牧区和 2 个备用区，季节性轮牧区占放牧场总面积的 80%，每个备用区占放牧场总面积的 10%。季节性轮牧区是生长季绵羊放牧的主要区域，在放牧季结束时该区域的牧草现存量需维持在 500kg/hm² 以上，以维持草地中较高的优良牧草比例和牧草生长量，促进草地可持续利用。

3. 季节性轮牧区内放牧率调控

采用牧后剩余量法调控放牧率，使每个季节结束后的牧草现存量与该季节所设定的牧后剩余量相近，各放牧方式在每个季节所设定的牧后剩余量为：持续放牧，春季、夏季和秋季的牧后剩余量分别为 1 000kg/hm²、800kg/hm² 和 500kg/hm²；夏季休牧，春季和秋季的牧后剩余量分别为 1 000kg/hm² 和 500kg/hm²；秋季休牧，春季和夏季的牧后剩余量分别为 1 000kg/hm² 和 300kg/hm²。

放牧前，根据牧草现存量（P，kg/hm²）、该季节的牧后剩余量（R，kg/hm²）、牧草生长速率 $[G$，kg/(hm²·d)$]$ 和绵羊干物质采食量 $[DMI$，设定为 1.8kg/(sheep·d)$]$，计算该季节单位公顷的放牧绵羊数量，计算公式为：

$$放牧绵羊数量 [head/(hm²·season)] = \frac{P-R+G\times30d}{DMI\times30d}$$

放牧过程中可利用目测法估测现存量，当牧草现存量低于所设定的牧后剩余量时，将分牧区的绵羊移出至备用区；当牧草现存量过高时，将备用区中的绵羊移入分牧区；通过采用以上放入-取出的方法灵活调控放牧率，最终使每个季节结束后的现存量与所设定的牧后剩余量接近，以防止草地退化。

4. 备用区的使用

设置备用区的目的是放牧季节性轮牧区内无法承载的多余绵羊，以防止季节性轮牧区内的草地被过度利用。需要注意的是，备用区内的植被并不一定会退化，只有当牧草生长量明显低于多年牧草生长量的平均值时，备用区才会被过度利用，此时可对放牧在该区域的绵羊进行补饲，以维持放牧绵羊的体重并减少其对备用区的过度利用。此外，备用区在年际间交替利用，一定程度上也有利于备用区内植被的恢复。

（二）具体实施方案

1. 年际间夏季和秋季休牧交替进行的季节性轮牧模式

（1）轮牧模式　此模式包含夏季休牧和秋季休牧两种休牧方式的年际间轮牧模式，其中夏季休牧指的是分牧区在春季和秋季放牧，夏季休牧；秋季休牧指的是分牧区在春季和夏季放牧，秋季休牧。

（2）轮牧要点　放牧第1年春季，成年母羊及其哺乳羔羊在整个季节性轮牧区放牧；夏季，使用围栏将季节性轮牧区一分为二，将羔羊移出季节性轮牧区，分牧区1放牧、分牧区2休牧；秋季，分牧区1休牧，分牧区2放牧；整个放牧季，分牧区1以秋季休牧形式进行放牧，分牧区2以夏季休牧形式进行放牧。放牧第2年，将分牧区1和2的休牧方式与上一年轮换即可，从而实现年际间夏季和秋季休牧交替进行的季节性轮牧模式。

2. 年际间夏季休牧和持续放牧交替进行的季节性轮牧模式

（1）轮牧模式　此模式包含夏季休牧和持续放牧两种放牧方式的年际间轮牧模式，其中夏季休牧指的是分牧区在春季和秋季放牧，夏季休牧；持续放牧指的是分牧区在春季、夏季和秋季均放牧。

（2）轮牧要点　放牧第1年春季，成年母羊及其哺乳羔羊在整个季节性轮牧区放牧；夏季，使用围栏将季节性轮牧区一分为二，将羔羊移出季节性轮牧区，分牧区1放牧、分牧区2休牧；秋季，分牧区1和分牧区2同时放牧，但要使分牧区1的放牧强度低于分牧区2；整个放牧季，分牧区1以持续放牧的形式进行放牧，分牧区2以夏季休牧形式进行放牧。放牧第2年，将分牧区1和2的休牧方式与上一年轮换即可，从而实现年际间夏季休牧和持续放牧交替进行的季节性轮牧模式。

四、操作要点

两种休牧-轮牧模式在操作过程中均涉及放牧率的确定、牧草生长速率及现存量的估测等技术，具体要点如下。

（一）放牧季放牧率的确定

根据草地多年牧草生长量的平均值、牧后剩余量、放牧时间及家畜采食量确定放牧季的放牧率。如某块草地多年牧草生长量的平均值每年为 $1\,500kg/hm^2$，牧后剩余量为 $500kg/hm^2$，家畜的采食量为每天每头 $1.8kg$，生长季放牧 $90d$，则这块草地在生长季的放牧率（头 $/hm^2$）$=(1\,500-500)/(1.8\times90)=6.2$ 头 $/hm^2$。当然，降水量在年际和季节间的变化会导致牧草生长量的变化，从而对放牧率产生影响，此时，可通过延长湿润年份的放牧天数或缩短干旱年份的放牧天数灵活调控放牧率。

（二）牧草生长速率的估测

牧草生长速率可根据该地区降水和温度的历史记录结合当年实际降水和温度进行预测，一般而言，呼伦贝尔地区多年来春季、夏季和秋季的牧草生长速率分别为每天 $12.1kg/hm^2$、$8.6kg/hm^2$ 和 $3.4kg/hm^2$。

（三）牧草现存量的估测

牧草现存量与草地植被高度存在显著相关关系，可通过草地中优势植物的高度预测牧草现存量。当牧草现存量为 $1\,000kg/hm^2$ 时，无芒雀麦和羊草的高度分别为 $13.1cm$ 和 $17.1cm$（图 $5-4$）；当牧草现存量为 $800kg/hm^2$ 时，无芒雀麦和羊草的高度分别为 $8.7cm$ 和 $11.6cm$；当牧草现存量为 $500kg/hm^2$ 时，无芒雀麦和羊草的高度分别为 $2.3cm$ 和 $3.3cm$。

（四）其他注意事项

1. 若分牧区面积大于 $33.33hm^2$，可将分牧区用围栏划分成更小的放牧单元，使放牧绵羊在放牧单元内轮牧，但要确保这些放牧单元内牧草的现存量不低于所设定的牧后剩余量。

2. 7 月 15 日羔羊断奶并移出季节性轮牧区以降低放牧率是实施该技

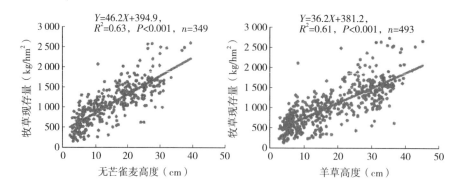

图 5－4　草地中优势植物的高度与牧草现存量的回归关系

术的要点之一。在干旱年份，移出的羔羊可直接出售或者进行舍饲育肥；在湿润年份，可将移出的羔羊放牧在备用区，进行放牧加补饲育肥，以提高放牧系统的经济效益。

3. 每年的 6 月 1 日前，使用抛肥机向放牧草地撒施含氮量 46% 的尿素约 110kg/hm²（即纯氮 50kg/hm²），可进一步提高牧草产量、增加载畜量。

五、效益分析

（一）经济效益

与传统的持续放牧方式相比，季节性轮牧技术只需在草地中设置围栏以划分小区，从而使绵羊在围栏两侧进行轮牧。围栏为一次性投入并可多年使用，具有投入低、易操作的特点。例如，在一个 30hm²（长宽各为 550m）的放牧场中，设置 3 道 550m 的固定围栏将放牧场划分为 2 个备用区（每个备用区面积 3hm²）、2 个季节性轮牧区（每个季节性轮牧区面积 12hm²），围栏共计 1 650m，设置围栏的成本为 12 元/m，共投入 19 800 元，若使用 10 年，则每年的投入为 1 980 元。将夏季休牧纳入季节性轮牧系统，可使放牧绵羊单位公顷增重较传统的持续放牧提高 16.9kg/hm²（表 5－4），相应的收入增加约 500 元/hm²，12hm² 增加收入 6 000 元，每年净利润为 4 000 元。

表 5 - 4   2015—2017 年各放牧方式下绵羊的放牧率和单位公顷增重

放牧方式	放牧率 ［羊单位/(hm² · 90d)］				单位公顷增重 ［kg/(hm² · 90d)］			
	2015 年	2016 年	2017 年	平均	2015 年	2016 年	2017 年	平均
持续放牧	3.7	7.5	9.5	6.9	41.6	78.4	117.9	79.3
春季休牧	4.8	7.2	8.4	6.8	58.9	50.3	87.8	65.7
夏季休牧	4.0	6.1	9.5	6.5	54.9	66.1	167.6	96.2
秋季休牧	3.0	6.5	8.7	6.1	40.7	77.0	87.3	68.3

注：以上数据来自呼伦贝尔草地农业生态系统试验站季节性休牧平台监测数据。

（二）生态效益

利用牧后剩余量法调控放牧率使牧草现存量维持在 500kg/hm² 以上，使草地植被处于可持续利用状态，不仅维持了草地中优良牧草（多年生禾草）的干物质比例和盖度，还提高了植物多样性、土壤碳和土壤氮含量（表 5 - 5），可有效防止草地退化，显著提高草地生态功能。

表 5 - 5   控制放牧与自由放牧条件下草地中优良牧草盖度与植物多样性

监测指标	控制放牧	自由放牧
多年生禾草干物质比例（%）	42.6	18.1
多年生禾草盖度（%）	23.7	17.2
香农-维纳指数	2.1	1.4
物种丰富度	18.4	11.8
土壤有机碳含量（g/kg）	29.9	29.7
土壤全氮含量（g/kg）	3.2	3.0

注：控制放牧数据来自呼伦贝尔草地农业生态系统试验站季节性休牧平台监测数据，放牧季牧草现存量维持在 500kg/hm² 以上；自由放牧数据来自当地牧户的放牧场。

（三）社会效益

该技术模式投入低、见效快、易操作，可在我国北方草原区大范围推广应用。该模式不仅可以有效防止草地退化，而且可在最大程度上实现草地经济效益和生态效益的平衡，对增加牧民收入、促进草地畜牧业可持续发展、早日实现我国"碳达峰，碳中和"目标均具有重要意义。

六、应用案例

生长季季节性轮牧技术模式在呼伦贝尔特泥河九队于 2018 年开始示范，示范面积约 93.33hm²，且将该技术辐射至周边牧户。在生长季放牧系统中，利用围栏将放牧场划分为放牧区和备用区，以实现本文所述的年际间夏季和秋季休牧（多年生禾草改良草地）或夏季休牧和持续放牧（轻度至中度退化天然草原）交替进行的生长季季节性轮牧模式。与传统的自由放牧相比，利用牧后剩余量技术将放牧季牧草现存量维持在 500kg/hm²以上，显著提高了放牧场的植被盖度，降低了土壤侵蚀；同时，优良牧草（尤其是羊草）的比例提高 20% 以上，有效遏制了草地退化。在此基础上，放牧季结束时母羊的体重增加 3kg 以上，提高了繁殖母羊的配种率；在储备区开展的羔羊放牧＋补饲育肥使放牧系统的经济效益进一步提高。该技术模式可在呼伦贝尔地区乃至我国北方温带草原区大面积复制、推广，为该区域草地畜牧业高质量发展提供技术支持。

起草人：刘楠、张浩

锡林郭勒盟草原肉牛
"暖牧冷饲"技术模式

　　锡林郭勒盟位于内蒙古自治区中部，草原总面积为 203 000km²，可利用草场面积为 179 000km²，是我国四大草原之一。近年来，为了推进畜牧业高质量发展，锡林郭勒盟坚持"生态优先、绿色发展"导向，因地制宜"减羊增牛"，先后印发了《关于加快发展优质良种肉牛产业的决定》《锡林郭勒盟优质肉牛产业发展规划（2016—2020）》和《优质良种肉牛产业发展扶持办法》，推动了全盟肉牛高质量发展。目前，锡林郭勒盟安格斯肉牛养殖规模已居全区首位，全盟肉牛存栏达到 180 万头，已成为自治区重要肉牛生产基地。

　　"暖牧冷饲"是锡林郭勒盟肉牛养殖的主要技术模式。暖牧指在夏秋温暖季节在草原上放牧，充分利用天然饲草资源，降低生产成本。冷饲指在冬春冷季通过舍饲圈养的方式进行饲养，减少放牧产生的家畜掉膘、死亡等损失，保证安全越冬，并避免家畜春季返青期啃食牧草影响牧草生长。与传统四季轮牧方式相比，暖牧和冷饲相结合的肉牛养殖模式能够大幅降低载畜压力和草地的利用强度，冷季舍饲减少了家畜放牧游走和抵抗寒冷的体能消耗，降低家畜损耗而节约了牧草，在充分发挥放牧优势的情况下，保证了草地的可持续利用，有效提高了肉牛养殖效益。

一、适用范围

　　该技术模式适用于内蒙古自治区锡林郭勒盟的典型草原和草甸草原。

二、技术流程

1. 暖牧冷饲

根据生产方式在不同季节所发生的转变，大体上可将生产周期划分为放牧期和非放牧期。其中放牧期多为夏秋季，这期间家畜以草地放牧为主要生产方式，非放牧期则包含了冬季舍饲期与早春时节政策性休牧舍饲期，这期间家畜以舍饲为主要生产方式。

2. 放牧时间

放牧期应设置在 6 月 15 日至 11 月 15 日（共计 5 个月），非放牧期应设置在 11 月 15 日至 6 月 15 日（共计 7 个月）。

3. 放牧强度

保持草畜平衡是草原可持续利用的基础。总体上，锡林郭勒草原产草量自东向西递减，且产草量随气候变化呈年际波动变化，实践中应根据草地生产力情况确定合理载畜量，并严格执行《内蒙古自治区草畜平衡和禁牧休牧条例》（2021 年 7 月 29 日发布）、《锡林郭勒盟禁牧和草畜平衡监督管理办法》（2017 年 3 月 13 日发布）等有关草畜平衡管理的法规。

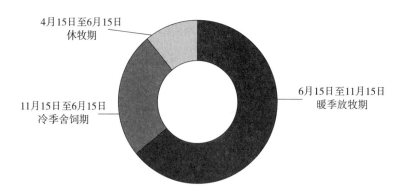

图 5－5 "暖牧冷饲"模式时间序列

三、技术内容

（一）放牧补饲技术

1. 放牧设施准备

放牧季节到来前，对围栏、棚圈以及篱笆进行一次全面检查，每个牛舍内设有一个不锈钢饮水槽，保证饮水槽内有足够清洁的水。发现损坏的水槽应及时修整，并对水源以及临时休息点进行有效修整。对相应放牧地的道路进行修整，及时清理放牧地周边的各种有毒有害杂草和杂物，避免引起肉牛中毒和蹄部损伤。

2. 放牧时间

在锡林郭勒草原牧区，肉牛从冬春季节的养殖向放牧养殖管理转变过程中通常要设置 7~8d 过渡期。如果冬春季节日粮中多汁饲草投喂量较少，可以适当延长过渡期，通常延长到 10~14d。其中肉牛放牧期多为夏秋季（6 月 15 日至 10 月 15 日），最晚不超过 11 月 15 日。

进入放牧期后，第 1 天的放牧时间控制在 2~3h，然后逐渐过渡到每天放牧 8h。放牧前的 15~20d 以及放牧后的 30~45d，可以在牛的青干草中添加适量的醋酸盐，每头牛添加醋酸盐 500mL。除在干草中添加相应的食盐外，还可以在牛饮水的地方设置营养舔砖，让牛自由舔食。

3. 放牧对象

体质健硕的犊牛、母牛。

4. 划区轮牧

在锡林郭勒草原牧区，多采用划区轮牧技术，即先将草地划分成若干区域，然后有序地在各个区域进行放牧。

技术描述：一般和围栏相配合，即用围栏（电网、刺篱）将一块草场分为 4~5 个区，根据草场产草量和牛群大小确定轮牧区的大小，每年使用 3~4 个区作为放牧草地，暖季放牧，按照 21~28d 一个周期的办法进行轮牧；1~2 个区用于秋季打草，同时进行调制、保存干草用于冬春冷季舍饲。每个小区的放牧时间应以保证牛能得到足够的牧草，而又不致使草地过度践踏为原则，一般不超 6d。轮牧周期是根据采食以后，草地恢复到应有的高度来确定。轮牧次数因草场类型、牛群管理条件等而定。一般草场每季度可轮牧 3～4 次，差的草场可轮牧 2 次。

当气候条件好、牧草生长茂盛时，在 1 个季节每个小区可以放牧 4 次，即 6 月中旬开始放牧，10 月下旬可以进行最后一次放牧。测定放牧后留下的草茬量是表示放牧强度的一种方法。放牧强度小，放牧后留下的草茬多，草场利用不经济，但牛的日增重较高。反之，放牧强度大，放牧后留下的草茬少，草场的利用率高，但牛的增重速度较慢（彩图 5-1）。

5. 补饲

补饲是放牧和舍饲的一个过渡时间段。犊牛和母牛于每天 7：00—11：00，13：00—17：00 放牧，放牧时间 8h。中午和晚上在有围栏和顶棚的牛舍内休息并补饲精料，共补饲 30d（10 月 15 日至 11 月 15 日）。补饲量为活体牛体重的 1%，补饲量 1.6kg/d，精料补充料价格为 2.21 元/kg。补饲配方根据美国 NRC 和中国《肉牛饲养标准》制定，玉米（40.5%）＋麸皮（25.5%）＋豆粕（30%）＋石粉（1%）＋磷酸氢钙（1%）＋食盐（1%）＋预混料（1%）。

（二）冷季舍饲技术

冷季舍饲技术目标是解决锡林郭勒草原牧区冬春冷季家畜的饲养。技术要点包括：棚圈设施准备、饲草料储备以及饲草料配方（彩图 5-2）。

1. 棚圈设施准备

归牧后于牛舍饲养，每个牛舍内设有一个不锈钢饮水槽，保证饮水槽内有足够清洁的水。观察牛采食及排泄情况。每天清扫粪尿一次，保持圈舍清洁干燥，经常清扫水槽，定期驱虫。

2. 饲草料储备

饲喂日料中，可储备精料、粗饲料、天然干草，分开饲喂，或者是将其搅拌均匀后饲喂。混合均匀饲喂，按照日粮需要比例组成，精确称量后，按比例混合均匀投喂，人工搅拌时至少搅拌 3 次。冬天舍饲常采用羊草等。怀孕母牛常采用干草捆和外购精饲料。

3. 日粮配方

饲料以精料、青料、粗饲料适当搭配。精料占肉牛体重的 0.65%，青料占肉牛体重的 1.85%，粗饲料占肉牛体重的 0.75%，其中日粮中精料占 20%、青料占 56.9%、粗饲料占 23.1%，饲喂顺序应先粗后精再青。精料用玉米 60%、豆饼 15%、麦麸 25% 配成；粗饲料用玉米 20%、豆饼 4%、菜籽饼 15%、麸皮 14%、酒糟 45%、磷酸氢钙 1%、食盐 1% 配成；青料以牧草（羊草）为主。共舍饲 210d（11 月 15 日至 6 月 15 日）。

通常情况下，需要合理安排日粮配方，依据肉牛妊娠前后体重变化，可以有不同的饲养方案。

妊娠牛饲料配方：妊娠母牛发育需要营养，且要满足胎儿生长发育的营养需要和产犊后泌乳的营养储备。除供给平常日粮外，每日需补饲 1.5kg 精料，妊娠最后两个月，每日需补饲 2kg 精料，但不可将母牛喂得过肥，以免造成难产。

母牛育后饲料配方：除供给平常日粮外，每日需补饲 3kg 精料。犊牛出生随母牛自然哺乳，至 5～6 个月断奶。

四、效益分析

（一）经济效益

以草场采用暖牧冷饲模式养殖肉牛为例（2021 年），草场面积 1 333.33hm²，肉牛（母牛）饲养量 200 头，繁殖周期为 3 年两胎。第二年产出约 133 头犊牛，为期 5 个月的放牧，其中犊牛长至 150kg 时于秋冬季节卖出，母牛于冷季进行舍饲，以保守估计 2021 年度犊牛每头 7 000 元售价。

精料价格为 2.21 元/kg，粗饲料价格为 1.5 元/kg，每头母牛每天按照以维持型饲料需要粗饲料 8kg，成本 12 元，补饲费用合计 35 324.64 元，舍饲费用合计 432 000 元；其他支出包括草地管理（灌溉＋施肥）费、人工打草费、疫病防控费等，合计 80 000 元；其他收入只涉及牧业生产相关收入，不包含各项补贴，合计 40 000 元。

总收入＝肉牛犊总价＋其他收入，合计 971 000 元

总支出＝补饲费用＋舍饲费用＋其他支出，合计 547 324.64 元

$$净利润＝\frac{总收入－总支出}{家畜出栏数}$$

根据经济效益估算，每头肉牛净利润约为 3 185.53 元。

（二）生态效益

春季是牧草返青、植被得到初步恢复的关键时期，尽管休牧期间养殖成本有所增加，但对于全年以及长远的发展来说，春季休牧至关重要。随着近年来春季休牧政策的实施，从单一的天然放牧向天然放牧与舍饲半舍饲相结合转变，生态环境得到明显改善。2021 年，全盟春季牧草返青期监测结果显示，全盟天然草地平均盖度达到 24.9%，与上年相比增长了0.5 个百分点。

"十三五"时期，锡林郭勒盟通过实施"减羊增牛"和生态补奖等政策措施，草原超载过牧的问题得以解决。2020 年牧业年度，全盟牲畜存栏数较"十二五"末压减了 236 万头（只），压减幅度达到 15%，基本实现了草畜平衡。这期间，锡林郭勒盟一方面采取天然放养＋舍饲补饲的方式，全面推行春季牧草返青期休牧，促进草地自我修复；另一方面，通过实施"减羊增牛"，走少养精养算账养畜的路子，打造特色肉牛产业，既保证了草畜平衡，又促进了牧民增收。

五、应用案例

萨如拉图雅嘎查位于锡林浩特市阿巴嘎旗洪格尔高勒镇，总面积 437.5km²，20 世纪 80 年代，由于过度放牧，草原加速退化，草原生产力严重下降，牧民养殖收入受到明显的影响。当时作为嘎查长的廷·巴特尔承包全嘎查退化最严重的近 400hm² 草场。廷·巴特尔带领牧民群众改良草场，建设高产饲草料基地，发展肉牛养殖产业，使全嘎查人均纯收入由20 世纪 80 年代初的 50 元达到 2008 年的 8 736 元。2006 年，廷·巴特尔带领群众采用暖牧冷饲技术模式饲养肉牛，完善划区轮牧制度，设置夏季

草场、冬春季草场、秋季草场、打草场、两块牛犊放牧场、备用草场、经济区以及生活区。如今，广大牧民群众转变生产经营观念，调整畜牧业产业结构，嘎查50%以上的草场实施了标准化划区轮牧，大量引进良种西门塔尔基础母牛，牲畜改良比例达到98%，全嘎查的畜群结构已得到明显改善，草原生态也逐渐得到了恢复，人均年纯收入从40年前的40元增加到现在的近2万元。

起草人：王显国、张玉霞、李青丰、宝音陶格涛、闫敏、伊布勒图、单新河

北方农牧交错带混播人工
草地划区轮牧模式

农牧交错地区是我国草食畜牧业优势发展区域，草地资源丰富、发展潜力巨大，但资源优势尚未转化为经济优势。广大牧区以常年放牧、粗放经营为主，草地资源的不合理利用，造成大部分草原超载过牧，植被稀疏，退化沙化严重，草原生态功能日益弱化。同时，传统的经营模式种养脱节问题突出，优质饲草料发展滞后，已无法支持和满足新时代畜牧业高质量发展需求。为此，本研究集成了混播人工草地建植及利用技术，暨建设优质豆禾混播草地，夏、秋季节进行优良畜种（牛、羊）划区轮牧，合理配置小面积打草场，作为冬、春季节舍饲期优质粗饲料来源。核心技术"混播人工草地划区轮牧"被列入农业农村部 2021 年全国主推技术、内蒙古自治区 2022 年农牧业主推技术。

一、适用范围

适用于我国北方海拔 2 500m 以下地区，年平均气温≥5℃，年降雨量250mm 以上。其中，降雨量高于 425mm 区域不需要灌溉，低于 425mm区域需要适当灌溉。

二、技术流程

选择优质豆科牧草如紫花苜蓿，禾本科牧草如无芒雀麦、冰草、羊草、披碱草等优质草种，按照适宜比例混合后播种，适时灌溉，播种当年不进行放牧，翌年春季 5 月开始放牧，10 月开始休牧。放牧季采取划区轮牧饲养方式。打草场于 9 月末收割调制干草，作为冬、春季节舍饲期优质粗饲料。

技术流程见图 5 - 6。

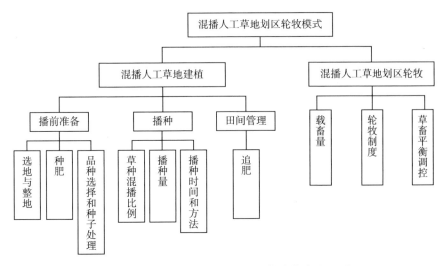

图 5-6 混播人工草地划区轮牧模式技术流程图

三、技术内容

（一）混播人工草地建植

1. 选地与整地

选择坡度＜25°，土壤 pH 6.0～8.2，排水良好的地块；有可供家畜饮用的洁净水源，否则需配备饮水设施。

2. 整地

翻耕深度不低于 30cm，耙糖、镇压，要求土块细碎、地面平整。

3. 播前施肥

结合整地施入磷酸二铵 60～120kg/hm²、有机肥 15t/hm²。

4. 品种选择和种子处理

选用耐牧型苜蓿（如斯贝德、斯普雷德、WL168）、无芒雀麦、冰草、羊草、披碱草混合播种。播前豆科牧草采取擦破种皮、变温浸种或化学处理等方法打破硬实，禾本科牧草采用碾磨或除芒机去芒处理。

5. 混播比例和播种量

按照草地利用 5 年以上标准确定组成比例，豆禾比例 1∶4。亩播种量 2.0～2.5kg（彩图 5-3）。

6. 播种时间和方法

早春 4 月初至 7 月末均可。垂直交叉播种或混播一次性播种，行距 15cm；开沟深度 4～5cm，覆土 1～2cm（彩图 5 - 4）。

7. 追肥

返青前追施 N 54kg/hm² ＋P$_2$O$_5$ 81kg/hm² ＋K$_2$O67.5kg/hm²。

（二）划区轮牧

1. 载畜量

$$\text{载畜量（标准羊单位数）} = \frac{\text{放牧草场总面积（hm}^2\text{）}\times\left[\text{牧草产量（kg/hm}^2\text{）}-800\right]}{(1.8\times\text{放牧天数})}$$

2. 放牧起止时间

肉牛以第一轮牧小区禾草叶鞘膨大、进入拔节期、高度 20cm 为标准；肉羊以牧草高度 7cm 为标准。轮牧结束期以生长季结束前 30d，且最后一个轮牧小区采食留茬 5cm 为限，最晚不超过 9 月底休牧（彩图 5 - 5）。

3. 轮牧小区数量

$$\text{轮牧所需小区数} = \frac{\text{牧草平均再生周期（d）}}{\text{小区放牧天数（d）}+\text{备用小区}}$$

4. 轮牧小区放牧时间

根据放牧后牧草再生高度达到可以再次利用的时间而定。肉牛放牧至留茬 10cm 时赶往下一轮牧小区。肉羊放牧至留茬 5～7cm 时赶往下一轮牧小区。每小区放牧时间不超过 7d。

5. 春季开始放牧

每小区放牧 4～5d，第二个轮牧周期视牧草生长速度或生长期适当延长放牧天数，依次类推。春季第一个放牧小区错开秋季最后放牧的小区。当草丛高度低于 8cm 时可以在多个分区同时放牧，草丛高度超过 15cm 时，可以减小单个轮牧小区面积 30%～50%。

6. 草畜平衡调控

牧草平均现存量达到 3 000kg/hm² 时，可刈割调制干草或制作青贮；当所有放牧分区平均现存量低于 600kg/hm² 时需要补饲（彩图 5 - 6）。

四、操作要点

（一）做好安全越冬管理措施

混播人工草地越冬管理的关键在于如何确保豆科牧草，特别是苜蓿的安全越冬。以赤峰地区为例，可参照当地苜蓿越冬管理技术。

1. 最后一次放牧利用应在初霜来临前 30d 左右结束，且留茬高度在 5cm 以上。

2. 9 月初，追施氯化钾（$K_2O \geqslant 60\%$）或硫酸钾（$K_2O \geqslant 50\%$）120～180kg/hm²，施肥后 7d 内禁止放牧。

3. 当夜间气温下降到－4℃，或日平均气温 2～4℃时开始灌溉越冬水，夜间结冰白天融化是灌溉最佳时期。建植当年灌溉定额为 450～600m³/hm²，建植两年以上（包括两年）灌溉定额为 225～375m³/hm²。

4. 返青前每次地表干土层厚度达 2cm 左右时进行灌溉，灌溉定额为 180～270m³/hm²。

（二）严格控制起始放牧时间

肉牛以草群高度 20cm 左右，肉羊以草群高度 7cm 左右可放牧利用，忌超载过牧。

（三）预防家畜臌胀病

1. 前期放牧应遵循循序渐进的原则，先在豆科牧草比例少的草地上放牧，家畜慢慢适应后再逐渐过渡到比例适中的地块。

2. 控制放牧时间，不宜在伴有露水的清晨放牧，待露水消失后放牧。刚浇过水或施过肥的草地禁止马上放牧。

3. 适应期在放牧前可先饲喂干草或青贮饲料至半饱后再放牧。

五、效益分析

（一）经济效益

该模式的优势在于通过放牧活动，实现了优质牧草就地转化，确保周年牧草供应充足，解决冬春季节饲草料短缺问题，显著提高家畜生产性能和生产效率。与传统的天然草原放牧模式相比，混播人工草地干草产量达到 6 750kg/hm²，相当于正常年份天然草原产草量的 10～20 倍，载畜量达到 0.08hm²/羊单位，提高 10 倍以上；优质干草粗蛋白含量 16.4%，中性洗涤纤维含量 39.2%，酸性洗涤纤维含量 23.8%，达到内蒙古自治区天然牧草质量分级一级水平，家畜繁殖率达 95% 以上，出栏率提高 14.6 个百分点（表 5-6）。

表 5-6 不同类型草地群落特征与生产力比较

类型	亩产量（kg）	载畜量（hm²/羊单位）	出栏率（%）
混播人工草地划区轮牧模式	6 768.8	0.08	49.60
天然草地放牧	750.3	0.86	35.03

该模式牧草生产成本为每年 2 446.5 元/hm²，较传统模式增加 2 320.05 元/hm²；家畜养殖成本为每年 3 147.9 元/hm²，较传统模式增加 950.1 元/hm²；年销售额达到每年 14 433.6 元/hm²，较传统模式增加 10 005.3 元/hm²，草地纯收益为 8 839.35 元/hm²，与传统模式相比较增加 6 735.45 元/hm²（表 5-7），投入产出比达到 1：2.58。2016 年以来，赤峰市阿鲁科尔沁旗发展该模式，目前已推广 3 033hm²，新增纯收益 2 043.08 万元（彩图 5-7 至彩图 5-11）。

表 5-7 两种经营模式的成本与收益比较

	项目指标	节水混播放牧型草地划区轮牧	传统天然草地放牧
饲草生产成本（元/hm²）	地面处理与设施成本	1 295.85	22.2
	土地流转租赁费用	43.35	0
	种植成本	318.9	61.35
	生产管理成本	788.25	43.05
	合计	2 446.5	126.45
家畜养殖成本（元/hm²）	设施成本	512.7	76.95
	牛羊生产性生物资产折旧	1 232.1	693.9
	饲料购置	1 278	1 326.45
	管理成本	124.95	100.5
	合计	3 147.9	2 197.8

（续）

	项目指标	节水混播放牧型草地划区轮牧	传统天然草地放牧
年销售额（元/hm²）	出栏头数（头）	45	35
	出售价格（万元/头）	1.26	0.97
	合计	14 433.6	4 428.3
草地纯收益（元/hm²）		8 839.35	2 103.9
投入产出比		1∶2.58	1∶1.91

（二）生态效益

5月中旬，正值草原返青期，遭遇干旱天气的情况下，天然草地返青推迟，牧草生长情况较差，草群高度仅为5cm，总盖度为15%，且以沙蒿为主，产草量几近于零。同期混播人工草地草群高度达到45cm，总盖度达到88%，每亩产草量达到151.5kg（表5-8）。结果表明，建植混播人工草地，使当地沙化、退化草地得到直接治理，青草期提前近30～40d，植被总盖度由不足30%提高到85%以上，产草量得到大幅提高，可有效缓解春季枯草期饲草料短缺问题（彩图5-12、彩图5-13）。

表5-8 放牧前混播草地与天然草场群落特征及产量比较

	株高（cm）	总盖度（%）	每亩产草量（kg）
混播草地	45.0	88.3	151.5
天然草地	5.0	15.0	—

混播草地建植前后，0～10cm土层有机质含量变化见图5-7。建植2～4年的混播草地，土层有机质达到10.69～11.77g/kg，显著高于建植前的7.73g/kg。表明混播草地对提高土层有机质含量，改善土壤养分有一定的积极作用。

（三）社会效益

该模式的实施切实提高了草地产量，增加了饲草储备，实现了草畜平衡，增强了抗灾减灾能力，积极推进草原畜牧业转型升级，促进农牧民生产方式和生产观念的转变，增强畜牧业发展后劲，拓宽增收渠道，大幅提

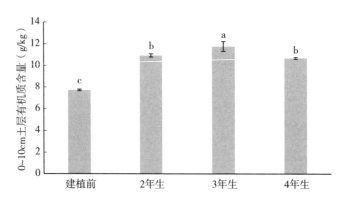

图 5-7　混播草地的建植对 0～10cm 土层有机质含量的影响

高了劳动力生产率，收益达到 11.76 万元/(年·人)，较传统模式增加 6.41 万元/(年·人)，充分发挥了带动和引领作用。

六、应用案例

内蒙古自治区赤峰市阿鲁科尔沁旗混播人工草地划区轮牧模式取得显著成效，提高牧草产量和质量，实现为养而种、草畜配套，促进草原畜牧业转型升级，实现生产与生态协调发展以及农牧民增收的目标，获得农牧民群众认可，参与热情高涨。

呼日勒巴特尔是阿鲁科尔沁旗绍根镇乌那嘎嘎查牧民，是当地新型经营主体家庭牧场的典型代表。全家 6 口人，拥有草场 153.33hm²，饲料地 6hm²，肉牛存栏 60 头。2016 年之前，该牧户一直沿用传统天然草地放牧模式进行生产经营。由于气候干旱、超载放牧、草地投入低等因素，草场严重沙化退化，草地生产能力降低，产量低质量差，饲养的牲畜长期处于饥饿半饥饿状态，草地收益甚微。2016 年建植混播人工草地 19.33hm²，实施夏秋季节肉牛划区轮牧，取得实效后于 2017 年新增 20.67hm²，累计建植优质混播人工草地 40hm²，配套青贮窖 100m²、牛棚 200m²、储草棚 400m²，其余 113.33hm² 天然草场短期内不再放牧利用，使其自然修复。

该模式实施以来，春季青草期提前 30～40d，植被盖度由 15% 提高到 85% 以上，产草量达到 6 750kg/hm²，较传统模式提高 20 倍，牧草粗蛋白含量达到 16.4%，土地有机质含量达到 11.77%，提高 4.04 个百分点，沙化退化草地得到有效治理，解决了优质饲草料短缺问题。由于牧草产量和品质的提高，混播草地载畜量达到 0.08hm²/羊单位，较天然草地提高 10 倍，家畜出栏率提高 14.6%，提升畜产品品质，草地纯收益 8 839.35 元/hm²，较传统经营模式 2 103.9 元/hm² 提高了 320%，投入产出比达到 1：2.58，实现了增收致富。

在呼日勒巴特尔家庭牧场的示范带动下，混播人工草地划区轮牧模式在阿鲁科尔沁旗推广面积达 3.03hm²，涉及 5 个乡镇 116 家牧户。该模式的实施带领农牧民走出了一条"生态生计兼顾、生产生活并重、治沙致富共赢"的栽培草地畜牧业发展之路，取得了显著的经济、社会和生态效益，从根本上改变了靠天养畜、过度利用草场的传统畜牧业生产方式，开辟了草原畜牧业转型升级的新途径。

七、引用标准

1.DB15/T 1967—2020　科尔沁沙化草地节水灌溉混播人工草牧场建植及利用技术规程

2.NY/T 2700—2015　草地测土施肥技术规程　紫花苜蓿

3.GB 6141—2008　豆科草种子质量分级

4.GB 6142—2008　禾本科草种子质量分级

5.DB15/T 1509—2018　内蒙古中东部沙地节水灌溉苜蓿越冬管理技术规程

起草人：梁庆伟、娜日苏、王显国、潘翔磊、郭宏宇、乌英嘎

典型草原打草场管理与

收获技术（锡林郭勒）

草地资源是我国国土资源中重要组成部分，我国天然草地面积约 $3.92\times10^9\,hm^2$，占国土总面积的 41.7％，是仅次于澳大利亚的世界第二草原大国。天然草地集中在我国西南部和西北部的内蒙古、新疆、西藏、青海、甘肃和四川，这 6 个省区为我国六大牧区。其中，以内蒙古高原为主体的温带草原即内蒙古自治区为六大牧区之首。

近年来，随着农牧业结构的调整、畜牧业模式的转型升级，我国传统的放牧型畜牧业模式逐渐推行为舍饲、半舍饲的集约型饲养模式，较我国草原牧区的传统畜牧业模式相比，生产力大幅提升。传统畜牧业模式下的天然草地的利用方式以放牧为主，草地生态功能与生产功能配置不合理，导致草地退化严重。探索以生态优先、绿色发展为导向的高质量发展新路子的发展理念，将刈割作为典型草原打草场的主要利用方式，给予天然草地进行自我修复的时间，使生物多样性和稳定性逐渐恢复。打草收获利用将成为传统畜牧业模式转化为集约化畜牧业模式的重要举措，可有效解决饲草供应年际间、季节间和地区间不平衡性的问题。

一、适用范围

该技术模式适用于内蒙古地区机械化调制的天然草地牧草，研究区域的植物种类如表 5－9 所示。

表 5－9　研究区域植物种类组成

编号	牧草种名	牧草种拉丁名	科中文名	科拉丁名
1	大针茅	*Stipa grandis* P. Smirn.	禾本科	Gramineae
2	克氏针茅	*Stipa krylovii* Roshev.	禾本科	Gramineae

（续）

编号	牧草种名	牧草种拉丁名	科中文名	科拉丁名
3	羊草	*Leymus chinensis*（Trin.）Tzvel.	禾本科	Gramineae
4	糙隐子草	*Cleistogenes squarrosa*（Trin.）Keng	禾本科	Gramineae
5	细叶葱	*Allium tenuissimum* Linn.	百合科	Liliaceae
6	知母	*Anemarrhena asphodeloides* Bunge	百合科	Liliaceae
7	冰草	*Agropyron cristatum*（Linn.）Gaertn.	禾本科	Gramineae

二、技术流程

技术流程见图 5-8。

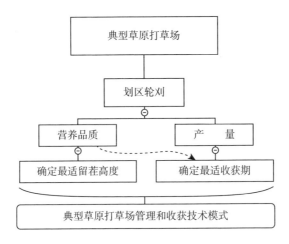

图 5-8　典型草原打草场管理与收获技术流程图

三、技术内容

（一）划区轮刈

打草场轮刈技术：传统的割草地大多采用连年刈割的方式，导致大量的养分从系统中移出而得不到有效补充，破坏了养分平衡，诱发草原群落的退化演替，连年刈割也会影响土壤种子库的密度，特别是具有生命力的种子数显著降低。根据 2016 年的定位研究，仲延凯和包青海指出，在内蒙古锡林河流域，最适宜的割草时间为 8 月中旬，合理的刈割模式为割 1 年休

1年或割2年休1年。由于割草会导致草原生态系统养分的失衡，在割草地轮刈的同时，通过草地施肥补充土壤养分也是有效的管理措施。

与传统的大面积刈割方式相比，划区轮刈的优点主要体现在以下4个方面：①充分利用了当年长出的牧草，减少了草料的浪费；②改善了群落结构，提高了牧草的产量和品质；③减少家畜的游走时间，增加休息的时间，提高家畜的产量；④减少了家畜对草地的践踏，降低了水土流失和养分的损失，提高了草地的质量。

（二）收获模式

1. 收获期的确定

牧草收获是决定牧草品质的关键环节。长期以来，我国人工草地牧草的品质一直难以与国外进口草产品竞争，主要原因就是收获环节牧草养分损失严重。随着收获时间的延迟，天然牧草的产量和营养品质降低，产量高峰期集中在8月10—20日，8月20日收获的天然牧草营养品质最高，之后再进行收获，天然牧草的产量和营养品质会出现明显下降（表5-10、表5-11）。

表5-10 不同收获期天然牧草的产量及鲜干比

	鲜草产量（kg/hm²）	干草产量（kg/hm²）	鲜干比
7月20日	1 294.64±10.28c	339.08±2.98e	3.81±0.24d
8月1日	1 640.74±13.08b	388.8±3.11d	4.22±0.18b
8月10日	2 217.59±14.13a	485.25±2.45c	4.57±0.21a
8月20日	2 154.79±10.55a	546.9±7.23b	3.94±0.33c
8月30日	1 732.64±15.64b	625.5±5.92a	2.77±0.89e
9月10日	976.77±12.38d	506.1±3.29c	1.93±0.25f

注：同列不同字母代表具有显著性差异（$P<0.05$）。

表5-11 不同收获期天然牧草营养成分分析

	干物质（%）	粗蛋白（%，DM）	粗脂肪（%，DM）	酸性洗涤纤维（%，DM）	中性洗涤纤维（%，DM）	相对饲用价值（%，DM）	可溶性糖（%，DM）
7月20日	52.22	5.75	1.38	41.23	37.52	93.75	5.29

（续）

	干物质（%）	粗蛋白（%，DM）	粗脂肪（%，DM）	酸性洗涤纤维（%，DM）	中性洗涤纤维（%，DM）	相对饲用价值（%，DM）	可溶性糖（%，DM）
8月1日	54.35	6.84	1.72	42.65	40.08	98.01	5.55
8月10日	56.43	8.55	2.11	43.26	42.19	99.96	5.69
8月20日	57.52	8.84	2.45	45.16	46.52	103.29	6.04
8月30日	58.04	6.24	2.20	47.85	54.17	89.15	6.46
9月10日	62.81	4.34	1.89	49.86	65.23	83.62	5.97

注：同列不同字母代表具有显著性差异（$P<0.05$）。

2. 留茬高度的确定

依据典型草原天然打草场的植被长势反映出，适宜留茬高度为5cm，这样既有利于刈割后植株的再生，又降低了留茬过低带来的产量损失（表5-12）。

表5-12　不同留茬高度对天然牧草营养成分分析

留茬高度	干物质（%）	粗蛋白（%，DM）	粗脂肪（%，DM）	酸性洗涤纤维（%，DM）	中性洗涤纤维（%，DM）	相对饲用价值（%，DM）	可溶性糖（%，DM）
0～2cm	55.57	9.65	1.84	33.17	63.53	99.33	4.42
2～5cm	58.85	10.20	1.96	34.73	64.53	94.20	4.46
5～10cm	57.49	9.97	1.98	35.20	64.97	91.82	4.53

四、操作要点

典型草原打草场管理与收获技术模式的目标是优化典型草原的利用方式，保护草地生态多样性。技术要点包括收获期选择、机械选择、收获条件等。

（一）收获模式

依据各地区的具体条件，在典型草原打草场上根据饲草产量和营养品质的情况，选择适宜的收获期进行打草，将草地划分为5个区，每年对4个区进行打草，剩余1个区不进行刈割，将收获的干草制成草产品。

（二）机械选择

进行割草作业时，应观察植物长势，根据割草机刈后天然牧草的留茬高度，选择割草机，以达到保留牧草高品质的目的。

五、效益分析

（一）生态效益

典型草原打草场管理与收获技术模式改善了生态环境，做到生产与生态有机结合。合理利用天然草地资源，减轻草场的放牧压力，有效遏制草场恶化，生物多样性得到了恢复，草地生态系统的服务功能得到保障。

（二）经济效益

典型草原打草场管理与收获技术模式的实施对天然牧草进行了科学地管理和收获，保持了草地持续高质高产，降低精料的加入比例，从而降低饲料的成本。可降低牧民灾年经济损失，保障牧民收入稳定增长。满足了我国优质干草市场的需求，平抑了市场价格，优化了天然干草产品的流通环境。

（三）社会效益

该技术模式的应用对促进畜牧业可持续发展具有重要作用，同时提供大量的就业机会，使传统畜牧业向生态畜牧业方向转变，改善农牧民群体的生产、生活条件，最终实现了农牧民致富，推动了地方经济的持续发展。同时，还可以促进少数民族地区的经济繁荣，缩小与发达地区的差距，对加强民族团结和牧区社会稳定起到积极的作用。

六、应用案例

该技术模式应用在赤峰市巴林左旗查干哈达苏木天然打草场已取得显著成效。2017 年该草场共有植物种类 35 种，2018 年共有植物种类 38 种，2019 年共有植物种类 44 种，2020 年共有植物种类 43 种。随着技术模式的持续应用，草地植被品种逐渐丰富，也趋于稳定。

由于在最适收获期进行收获，干草产量也得到了提高。2017 年每公顷干草产量增加 45kg，2018 年每公顷干草产量增加 10.79kg，2019 年每公顷干草产量增加 58.53kg，平均每年每公顷干草产量增加 38.11kg，按照每吨1 000元计算，每公顷增收 38.11 元。在内蒙古巴林左旗周边带动农牧民、合作社及企业推广典型草原打草场管理与收获技术，推广示范2 000hm²，年收益可增加 7.62 万元（表 5-13）。

表 5-13　2017—2019 年试验地牧草平均产量的变化

草产量	2017 年		2018 年		2019 年	
	适时收获	传统收获	适时收获	传统收获	适时收获	传统收获
鲜草产量（kg/hm²）	2 217.59	1 533.06	1 437.81	1 022.72	2 225.45	1 591.40
干草产量（kg/hm²）	901.46	856.46	630.62	619.83	923.42	864.89
鲜干比	2.46	1.79	2.28	1.65	2.41	1.84

经适时收获后牧草的粗蛋白（CP）含量较传统收获可提高 30％～40％，相对饲喂价值（RFV）含量提高 24％～30％，灰份（ADF）含量和中性洗涤纤维（NDF）含量分别下降 13％～20％和 10％～22％，粗脂肪（EE）含量提高 20％～30％，无氮浸出物（Ash）含量下降 25％～30％（表 5-14）。

表 5-14　2017—2019 年试验地与牧民草地牧草营养品质对照

指标	2017 年		2018 年		2019 年	
	适时收获	传统收获	适时收获	传统收获	适时收获	传统收获
CP	8.65	6.24	9.96	5.84	9.08	6.25
Ash	5.16	7.53	5.48	7.23	4.82	6.9
ADF	36.69	49.86	36.90	48.43	37.15	42.83
NDF	55.01	65.23	57.56	64.38	51.32	65.81
EE	3.91	2.89	4.41	2.03	4.23	2.53
RFV	101.91	71.39	97.22	73.94	108.68	78.50

综合来说，该技术模式是在实现天然打草场生态效益和经济效益最大化的同时，优化最适天然打草场的打草制度。

起草人：格根图、司强、王志军

231

呼伦贝尔天然打草场管理与收获技术

我国草原资源丰富，内蒙古草原面积约 $8.67 \times 10^7 \, km^2$，约占我国草原总面积的 1/4，是我国北方重要的绿色生态屏障和畜牧业生产基地。其中，呼伦贝尔草原是欧亚大草原的重要组成部分，是中国温带草原分布最集中、最具代表性的地区。其自然资源丰富，植物种类较多，牧草生长繁茂，草地生产力和质量相对较高，分布的草地类型有温性草甸草原类、温性草原类、低地草甸类、山地草甸类、沼泽类。

天然打草场是呼伦贝尔草原最具特色的利用方式，占内蒙古自治区打草场面积的 28.1%，且类型多样、生产力较高，在草地畜牧业中具有非常重要的功能。在 20 世纪中叶自然游牧时期，天然打草场是牧区家畜冬季、春季饲料的主要来源之一，造就了我国北方草原区唯一的半集约化畜牧业模式。随着畜牧业的发展，冬春饲草料的需求量逐渐增加，促使天然打草场面积迅速扩大。自《草原生态保护补助奖励机制》实施以来，大面积禁牧和草畜平衡，进一步增加了对圈养草料的用量需求，天然打草场面积进一步扩大。但由于长期连续打草，目前天然打草场普遍存在退化现象。

天然打草场不仅可以供应家畜冬春季节饲草需求、维持冬春季节草畜平衡的重要任务，也是人类赖以生存的环境、物质基础，是生物多样性的重要组成部分，是维护国家生态安全的绿色屏障。天然打草场的合理刈割利用与收获，不仅可以维护好草地生态系统平衡，还可以持续获得经济效益。研究割草场刈割利用与收获技术，可有效提高草原综合生产能力，解决我国牧区越冬饲草安全的技术瓶颈；同时改善天然割草场牧草品质，为平衡牧区草畜供求关系、促进草地畜牧业良性发展、增加牧民收入提供技术支撑。

一、适用范围

该技术模式适用于北方地区天然草地管理。

二、技术流程

技术流程见图 5-9。

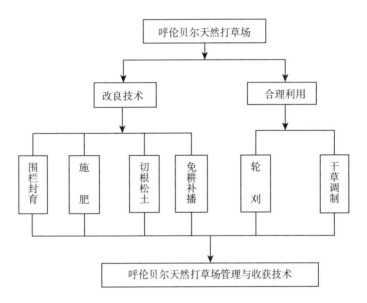

图 5-9　呼伦贝尔天然打草场管理与收获技术流程图

三、技术内容

（一）天然打草场的改良技术

1. 围栏封育

围栏封育就是把草地暂时封闭一段时期，在此期间不进行放牧或割草，使牧草有一个休养生息的机会，积累足够的贮藏营养物质，逐渐恢复草地生产力，使退化的草原得到自然更新改良。

封育时间要根据草原面积大小情况、草地退化的程度以及草群恢复速度而确定封育年限；补播或新建立的改良草地一般封育两年后可轻度利用；轻度退化草原封育时间应在 1 年左右；中度退化草原封育时间应为2～3年；坡度大于 25°的重度退化草原封育时间为 5 年以上。为了防止家畜进入封育的草地，封育草地应设置保护围栏，围栏应因地制宜，以简便易行、牢固耐用为原则。封育大面积草地，宜采用围栏方法。

2. 施肥

天然打草场应注意施肥，以保持较高而稳定的生产水平，天然草原施肥方法主要为表面撒施和机械条播施肥。依据不同草场类型、土壤营养现状和施肥目的确定施肥时间，一般基肥的施肥时间在 4～6 月，追肥时间在 7～8 月。依据不同草原类型、土壤营养现状和施肥目的确定施肥种类和施肥量。草原通常施用有机肥与无机肥。有机肥主要作为基肥，无机肥料主要作为基肥和追肥，以表面撒施和机械条播施肥。施肥遵循四看原则，即："看天""看地""看草""看肥"。

$$计划施肥量（kg）＝F－S/[M(\%)]×U$$

式中，F 代表牧草需要某养分量；S 代表土壤可供某养分量；M 代表肥料中某养分含量；U 代表该肥料利用率。

参考用量：厩肥 15 000～30 000kg/hm²，磷酸二铵 150～300kg/hm²，复合有机肥料 450～1 500kg/hm²。

3. 切根松土

不破坏草原植被的前提下，通过机械手段切断横向须根，划开板结层，进行草地底层松土，改良土壤透气、蓄水条件。切断后的草根能充分吸收养分，提高草产量。切根方法因各类牧草的分蘖形式不同有所不同。根茎型禾本科牧草，主要是切断它的横走根系，把一株变成多株，促进繁殖分蘖。豆科牧草不宜采用切根的方法，尤其不能采用水平切割的方法，以防破坏主根使牧草死亡。切根作业时要注意不要将牧草根系拉出土壤，对根茎型禾本科牧草而言拉出根就等于减少了植株数量，即便是老化的根也要留在土壤内，使之分解，增加土壤肥力，改良土壤结构。由于牧草对土壤的通气性要求严格，在松土作业时，土层不宜翻动，要增加土壤与空气接触面积，并通过机械松土重新建立具有良好结构的土柱，经过数年后草地表层形成良好结构的土层。

切根深度以 12～15cm 为宜，切根宽度一般控制在 20～40cm。切根方式有两种，一种是单向式，切根宽度以 20～30cm 为宜；另一种是垂直交叉式，呈"井"字形切根，切根宽度以 30～40cm 为宜。

4. 免耕补播

在不破坏或少破坏草原原有植被的情况下，可播种一些适应当地条件的优良牧草。补播地段应考虑当地降水量、地形、土壤、植被类型和草地退化的程度，选择适应当地气候条件的野生牧草或经驯化栽培的优良牧草进行补播。在干旱区补播应选择具有抗旱、抗寒和根深特点的牧草；在沙区应选择超旱生的防风固沙植物；盐渍地应选择耐盐碱性牧草。选择适口性好、营养价值和产量较高的牧草进行补播，根据不同的利用方式选择不同的株丛类型的牧草品种，如割草场应选择上繁草类，放牧应选择下繁草类。

不同草地类型可供补播的牧草品种要综合地形、气候、土壤等自然条件以及草地退化程度，在荒漠类、草原类、草甸草原类和低地草甸类草地区域进行补播改良。

针对草原类地区可补播的牧草品种有杂花苜蓿、羊茅、冰草、锦鸡儿等；草甸草原地区可补播的牧草品种有无芒雀麦、披碱草、老芒麦、鸭茅、早熟禾、黄花苜蓿、红豆草、三叶草、野豌豆等；低地草甸地区可补播的牧草品种有黄花苜蓿、百脉根、布顿氏大麦、偃麦草、苇状羊茅、赖草等。

（二）天然打草场的合理利用

1. 天然打草场的轮刈

割草地轮刈是一种采用轮换方式，按一定顺序逐年变更刈割时期、次数并培育草场的制度。它的中心内容在于变更草场逐年刈割的时期和利用次数，并进行休闲与培育，使草地植物积累足够的贮藏营养物质和形成种子,使草场植物既能种子繁殖,也能进行营养繁殖,还能改善植物的生长条件。在组织割草地轮刈时,可将草地划分为 2~6 个地段,然后采取一定的轮刈方案,对每个地段分别进行逐年轮换利用与培育。轮刈割草地选择地形平坦、低于 15° 的坡地、无石块和灌丛,以便于机械化作业。牧草组成以上繁草为主,草群叶层高度不低于 35cm,草群盖度不低于 50%。

(1) 刈割时间   禾本科牧草在抽穗期刈割;豆科牧草及杂类草为开花期或隔年在结实期刈割。以芦苇为优势的割草地在抽穗前刈割;以针茅为优势的割草地,在针茅的芒针形成前刈割;以蒿类为优势的割草地,降霜后刈割。一般 8~12d 完成,牧草最晚刈割时间在停止生长前 25~30d。

(2) 刈割次数   一般天然草地一年刈割一次。

(3) 留茬高度   温性典型草原留茬高度不低于 12cm。温性草甸草原、低地草甸及沼泽类草地留茬高度不低于 9cm,休闲的割草地翌年留茬高度不低于 7cm。

(4) 轮刈方案

①二年二区轮刈方案   把一块割草场根据牧草物候期划分成两个区,采用逐区逐年轮刈,刈割时期分为开花期 (7 月中旬至 8 月上旬) 和种子成熟期 (8 月中旬至 9 月下旬) 两个时间段。如第一区第一年开花初期,第二年种子成熟期;第二区第一年种子成熟期,第二年开花初期轮流刈割。

②三年三区轮刈方案   把一块割草场分成三个区,采用逐区逐年,根据牧草不同物候期轮刈〔分别在主要建群种抽穗 (现蕾) 期、开花期和种子成熟期〕。在每一区割草时留 15~30m 宽的漏割带。割草区方向与冬季主风向垂直,有利于积雪和种子的传播。如第一区第一年抽穗 (现蕾) 期,第二年开花期,第三年种子成熟期;第二区第一年开花期,第二年种子成熟期,第三年抽穗 (现蕾) 期;第三区第一年种子成熟期,第二年抽穗 (现蕾) 期,第三年开花期轮流刈割。

③四年四区轮刈方案　把一块割草场分成四个区，采用休闲、施肥、灌溉、补播等技术的轮休轮刈方案。在每一区割草时留 15～30m 宽的漏割带。割草区与休闲区（短时期禁止刈割、繁殖更新）的方向与冬季主风向垂直。如第一区第一年休闲，第二年抽穗（现蕾）期，第三年开花期，第四年种子成熟期；第二区第一年抽穗（现蕾）期，第二年开花期，第三年种子成熟期，第四年休闲；第三区第一年开花期，第二年种子成熟期，第三年休闲，第四年抽穗（现蕾）期；第四区第一年种子成熟期，第二年休闲，第三年抽穗（现蕾）期，第四年开花期。

2. 天然打草场收获技术

天然打草场牧草割草技术：牧草的刈割是收获干草的一个重要环节，它的作业质量不仅直接关系到当年收获干草的数量和品质，也影响后续草场的持续利用，牧草的刈割技术是打草场合理利用的重要生产技术。

①刈割时期　禾本科牧草在抽穗期刈割；豆科牧草及杂类草在开花期刈割。一般半个月内完成。牧草最晚刈割时间在牧草停止生长前一个月结束。

②刈割方法　在草地植物和气候条件较好的地区，为了充分利用草地生产潜力，在刈割后可以进行第二次刈割或放牧，但必须在植物生长停止前一个月停止刈割或放牧，否则将会影响第二年草地的生长发育。

温性典型草原留茬高度不低于 12cm。温性草甸草原、低地草甸及沼泽类草地留茬高度不低于 9cm，休闲的割草地翌年留茬高度不低于 7cm。

一般是搂草后在条堆内晾晒，或有条件时采用推晒机和翻草机。牧草收割与调制的程序为：牧草收割→牧草摊晒→倒伏草的搂集和刈割草的耙集→干草的堆垛→把堆压实→把干草堆集成大堆→往养畜场运送干草→干草压缩→拣拾打捆→往堆垛处运草→制作草粉。

3. 天然草地干草调制技术

（1）调制机械选择　按机器前进方向与草条形成方向之间的关系分

为横向搂草机和侧向搂草机。横向搂草机搂集成的草条与机器前进方向垂直，形成草条的大小不受草场产草量的影响，机器工作幅宽大、生产率高、结构简单，但是草条不整齐、不均匀，牧草损失较大、夹杂多，适于天然草场使用。侧向搂草机搂集成的草条与机器前进方向平行，其结构为旋转式。特点是搂草性能好，草条连续、均匀、蓬松、清洁，工作可靠。使用者可以按照作业需求选择合适的搂草机，搂草机大多是专为高产作物设计的，可在最短的时间内达到牧草快速晾干的目的。

（2）调制方法

①地面干燥法　将收割后的牧草在原地或者运到地势比较高燥的地方进行晾晒的调制干草的方法。通常收割的牧草干燥 4～6h 使其水分降到 40% 左右，用搂草机搂成草条继续晾晒，使其水分降至 35% 左右，用集草机将草集成草堆，保持草堆的松散通风，直至牧草完全干燥。我国目前调制青干草的方法主要是采用地面晒制法。

②草架干燥法　在比较潮湿的地区或者雨水较多的季节、地区，如用地面干燥法来调制草会造成干草变褐、发黑、发霉腐烂。可以在专门制作的草架子上进行干草调制。干草架子有独木架、三脚架、幕式棚架、铁丝长架、活动架等。架上干燥可以大大地提高牧草的干燥速度，保证干草的品质，架上干燥时应自上而下地把草置于草架上，厚度应小于 70cm 并保持蓬松和一定的斜度，以利于采光和排水。

③发酵干燥法　在光照时间短、光照强度低、潮湿多雨的地方，很难只利用阳光来晒制干草，而必须结合利用草堆的发酵产热降低水分来共同完成牧草的干燥过程。发酵干燥法就是将收获后的牧草先进行摊晾，使其水分降低到 50% 左右时，将草堆集成 3～5m 高的草垛逐层压实，垛的表层可以用土或薄膜覆盖，使草垛发热并在 2～3d 内使垛温达到 60～70℃，随后在晴天时开垛晾晒，将草干燥。当遇到连绵阴雨天时，可以保持在温度不过分升高的前提下，发酵更长的时间，此法晒制的干草营养物质损失较大。

（3）干草打捆技术　捆扎过程中的压力可以根据水分来确定。水分较高时，压力降低。水分合格，可增加捆扎压力，降低捆扎和运输成本。捆扎后按标准及时堆放（彩图 5 - 14 至彩图 5 - 18）。

（4）牧草裹包青贮收获技术

①裹包青贮　将天然牧草刈割（切碎）、打捆后，使用具有拉伸和黏着性能的薄膜将其缠绕裹包后形成密封厌氧环境进行青贮。

②切碎　原料切碎长度不应超过 7cm 或整株打捆裹包。

③打捆　使用青贮打捆机对青贮原料进行切碎打捆，草捆密度应在 400～450kg/m³；整株打捆，草捆密度应在 350～400kg/m³。

④裹包　打捆后应迅速用 6 层以上的拉伸膜完成裹包。

⑤青贮管理　裹包青贮存放在地面平整、排水良好、没有杂物和其他尖利物的地方，经常检查裹包膜或塑料薄膜，如有破损及时修补。

（5）牧草储藏技术

①草棚储存　干草储存设施应建在利用相对集中的地区，并选择阳光充足、通风良好、干燥、平坦、易于管理、便于运输的地点。草棚结构选择敞开式或三面墙式。对于机械或人工堆垛的干草应首先捆扎。开放式和半开放式、拱形或双坡屋顶均适用。开放式草棚的迎风侧应设置风障，其高度应高于檐口 400～500mm。多风区应采用前开式或封闭式设施形式，地面应具有良好的防潮性能。干草储存设施周围应设置排水沟，排水沟宽度为 300～400mm，深度为 400～600mm，纵向坡度为 15%，排水沟表面应覆盖沟盖。干草堆一般沿设施长轴成条堆放，堆宽宜为 4～6m，露天贮草设施外侧应有 0.5～1m 的通道，草堆高度距檐口 30～40cm。在干草堆之间预留 1m 的通风带。

②露天堆储　内部和外部整齐堆放，按梯级堆放，呈金字塔形。堆垛底部应铺上防水布或一层较厚的干草，并将底层朝其一侧堆放，然后按顺序堆放，最后盖上茅草布密封堆垛；堆垛与堆垛之间间隔 10～15m，并设置防火、防水带。

四、效益分析

(一)生态效益与社会效益

通过打草场改良，天然草地草产量得到提高（切根＋施化肥平均提高38.45%，打孔＋施化肥平均提高40.60%），优质牧草（羊草）比例大幅度增加（切根＋施化肥平均提高151.46%，打孔＋施化肥平均提高94.01%）。达到高产增效、改善牧草品质、提高土壤肥力等效果，对草地畜牧业可持续发展提供重要支撑作用，并且创造了良好的生态效益、经济效益和社会效益，也具有重要的参考和实用价值。

(二)社会效益

通过对呼伦贝尔草甸草原退化打草场的修复改良及改良后草地合理刈割和控制放牧的合理利用研究，可获得草甸草原退化打草场生产力提升与可持续利用关键技术模式、退化放牧草地乡土草种补播修复与优化放牧技术模式，这些草原合理管理利用模式为牧户在家畜生产过程中优化配置饲草资源提供了基础。

(三)经济效益

牧户通过绵羊生产资源优化配置中实施调整产羔季节、畜种优化、提前出栏等措施，饲养50只成年母羊的牧户，平均产羔率为120%，绵羊养殖每年可新增净收益2 000元/户；优化调整羔羊育肥日粮配方，每只羔羊育肥可新增利润150元，按照每户每年育肥羔羊60只计算，新增利润9 000元。因此通过新技术的应用，牧户绵羊养殖新增收益1.1万元（标准牧户）。牧户优化生长季节放牧制度，春季不放牧，并降低放牧强度，可比对照生长季节连续重度放牧的家畜单位面积和单位产量均有提高，并增加了草地牧草供应量，通过上述放牧制度优化技术在13.33万 hm² 草地上进行示范，则可新增羊活重10万 kg，按照每千克羊活重15元计算，新增收益150万元。如果考虑季节性放牧、秋季休牧的生态效益和社会效益，则其总价值远高于新增收益的150万元（表5-15）。

表 5-15　呼伦贝尔草甸草原打草场生态效益与经济效益

分类	指标	对照	切根＋施肥改良技术	土壤解板＋施肥改良技术	草甸草原合理刈割技术
生态效益	增加可利用的土地价值（元/亩）	200	300	180	230
	保肥效益（元/亩）	30	55	28	30
	新增草地生态效益（元/亩）	350	500	380	350
经济效益	机械（元/亩）	−10	−20	−10	−10
	燃油（元/亩）	−10	−10	−10	−10
	生物农药（元/亩）	0	−5	−5	0
	化学肥料（元/亩）	0	0	0	0
	人力与管理（元/人）	−100	−100	−100	−100
	种子（元/亩）	0	−30	0	0
	增加牧草产量（元/亩）	20	40	15	20
社会效益	促进就业（元/人）	0	0	0	0
总效益	（元/亩）	480	730	478	510

五、应用案例

2017 年，在内蒙古呼伦贝尔谢尔塔拉镇天然打草场应用该技术，成效显著，天然草地通过打草场改良，天然草地草产量得到提高（切根＋施化肥平均提高 38.45%，打孔＋施化肥平均提高 40.60%），优质牧草（羊草）比例大幅度增加（切根＋施化肥平均提高 151.46%，打孔＋施化肥平均提高 94.01%）。谢尔塔拉打草场的面积和产量均高于放牧场，打草场面积高达 2.002 万 hm^2，且打草场每年产草量为 3.20 万 t。

起草人：徐丽君、聂莹莹、杨桂霞

图书在版编目（CIP）数据

北方农牧交错带草牧业生产集成技术模式／农业农村部畜牧兽医局，全国畜牧总站编. —北京：中国农业出版社，2022.9
ISBN 978-7-109-29833-0

Ⅰ.①北…　Ⅱ.①农…②全…　Ⅲ.①农牧交错带－牧草－畜牧业－生产技术－研究－北方地区　Ⅳ.①S812

中国版本图书馆 CIP 数据核字（2022）第 149226 号

中国农业出版社出版

地址：北京市朝阳区麦子店街 18 号楼
邮编：100125
责任编辑：司雪飞
责任校对：刘丽香
印刷：北京通州皇家印刷厂
版次：2022 年 9 月第 1 版
印次：2022 年 9 月北京第 1 次印刷
发行：新华书店北京发行所
开本：700mm×1000mm　1/16
印张：15.75　插页：8
字数：250 千字
定价：58.00 元

彩图 1-1 科尔沁沙地（赤峰市阿鲁科尔沁旗）的苜蓿生产

彩图 1-2 支管和毛管的铺设连接 　　　　彩图 1-3 玉米浅埋滴灌带铺设

彩图 1-4 浅埋灌溉施肥装置示意 　　　　彩图 1-5 大田玉米浅埋滴灌带铺设

彩图 1-6 大田玉米浅埋滴灌灌溉 　　　　彩图 1-7 打捆贮藏

彩图 1-8　青贮玉米京科 968

彩图 1-9　京科青贮 516

彩图 1-10　耙地镇压

彩图 1-11　饲用燕麦种植

彩图 1-12　饲用燕麦开花期至乳熟初期长势

彩图 1-13　饲用燕麦捡拾打捆

彩图 1-14　饲用燕麦打捆及运输

彩图 1-15　燕麦刈割

彩图 1-16　多花黑麦草刈割

彩图 1-17　多花黑麦草搂草

彩图 1-18　多花黑麦草捡拾、切碎

彩图 1-19　多花黑麦草固定裹包

彩图 1-20　紫花苜蓿整地

彩图 1-21　紫花苜蓿播种

彩图 1-22　紫花苜蓿施肥

彩图 1-23　紫花苜蓿灌溉

彩图 1-24　紫花苜蓿收获

彩图 1-25　抽穗成熟期燕麦

彩图 1-26　燕麦收获期

彩图 1-27　燕麦机械收获现场

彩图 2-1　草原耕翻整地

彩图 2-2　牧草种子混合

彩图 2-3　建植第二年的混合人工群落

彩图 2-4　改良前的重度盐碱化草原

彩图 2-5　重度盐碱化草原改良前后的对比

彩图 2-6　播种及镇压

彩图 2-7　播后苗前喷洒除草剂

彩图 2-8　无人机喷洒除草剂

彩图 2-9　羊草刈割

彩图 2-10　羊草打捆

彩图 2-11　羊草贮藏

彩图 2-12 除尘、二次压缩草捆

彩图 2-13 盐碱地菁牧 3 号羊草示范区

彩图 2-14 建植前后对比

彩图 2-15 盐碱地改良后种植苜蓿

彩图 2-16 退化天然草地补播羊草

彩图 2-17 天然草地种植草木樨

彩图 2-18 野大麦

彩图 2-19　土壤改良

彩图 2-20　盐碱化草地补播苜蓿

彩图 2-21　苜蓿育苗苗期生长状态

彩图 2-22　苜蓿移栽前的生长状态

彩图 2-23　幼苗期苜蓿生长状态

彩图 2-24　苜蓿育苗苗龄 30d、40d、50d 的生长状态

彩图 2-25　苜蓿育苗移栽草田生长状态

彩图 2-26　中度盐碱地

彩图 2-27 中度盐碱地种植苜蓿

彩图 2-28 坝上地区饲用谷子收割前的整体出穗情况

彩图 2-29 割晒后进行捡拾粉碎的饲用谷子青贮制作现场

彩图 2-30 国审饲草高粱新品种冀草 6 号

彩图 2-31 国登饲草高粱新品种冀草 8 号

彩图 2-32 饲草高粱机械化收获

彩图 2-33 采用轮盘式青贮玉米收获机收获

彩图 2-34　饲草高粱规模化窖贮

彩图 2-35　饲草高粱拉伸膜裹包青贮

彩图 2-36　饲草高粱青贮饲喂奶牛

彩图 2-37　饲草高粱青贮饲喂肉羊

彩图 3-1　饲用燕麦适宜品种美达

彩图 3-2　饲用燕麦适宜品种加燕 2 号

彩图 3-3　饲用燕麦机械收割

彩图 3-4　饲用燕麦干草捆

彩图 3-5　返青良好的冬黑麦草地
（3 月下旬开始返青）

彩图 3-6　抽穗期冬黑麦长势

彩图 3-7　青贮玉米秣食豆混播

彩图 3-8　混播青贮玉米秣食豆成熟待收获

彩图 4-1　示范养殖场

彩图 4-2　试验组

彩图 4-3　鑫磊养殖合作社昭乌达肉羊养殖场

彩图 4-4　绿田园农业湖羊养殖场

彩图 4-5　饲草型全混合日粮加工机组

彩图 4-6　饲草型全混合日粮产品

彩图 4-7　青贮玉米饲用豆类间作混贮收获

彩图 4-8　奔康牧草开发公司苜蓿收获

彩图 4-9 金沙滩公司青贮玉米堆贮

彩图 4-10 金沙滩公司有机肥生产（堆肥）

彩图 4-11 金沙滩公司有机肥生产
（粉碎烘干）

彩图 4-12 种羊选育畜舍

彩图 4-13 青贮玉米饲料搅拌机

彩图 4-14 育肥羊舍

彩图 5-1　肉牛暖季放牧

彩图 5-2　肉牛冷季补饲

彩图 5-3　混播组合筛选试验

彩图 5-4　建成混播人工草地

彩图 5-5　混播人工草地放牧利用

彩图 5-6　混播人工草地打草利用

彩图 5-7　传统天然草原放牧

彩图 5-8　传统放牧模式下冬季舍饲用秸秆

彩图 5-9　混播人工草地划区轮牧

彩图 5-10　冬季舍饲用混播草地青干草

彩图 5-11　混播人工草地放牧肉牛

彩图 5-12　春季退化沙化天然草原

彩图 5-13　春季混播人工草地

彩图 5-14　典型草原打草场

彩图 5-15　干草打捆

彩图 5-16　裹包青贮

彩图 5-17　草棚储存

彩图 5-18　露天堆储